"十二五"职业教育国家规划教材（修订版）

建设工程监理概论

第 4 版

主　编　王　军　董世成

副主编　杨惠予　姜　皓

参　编　银　花　齐伟军

机械工业出版社

全书以《建设工程监理规范》(GB/T 50319—2013) 为基础,系统地介绍了建设工程监理的相关知识,主要讲述建设工程监理的基本知识及相关法律法规,工程监理企业的资质管理及经营管理,监理工程师的素质、职业资格考试及注册,建设工程监理组织,建设工程目标控制,建设工程监理规划,建设工程合同管理、风险管理、安全生产管理、监理信息与监理文档资料管理等内容。为便于读者的学习和技能培养,每章开始都提出了学习目标,章后均附本章小结及综合实训。

本书既可作为高职高专及应用型本科土木工程类专业的教材,也可作为相关专业技术人员的参考书。

为方便教学,本书配有课程标准、电子课件、微课、课程思政教学建议、考试模拟试题及参考答案、综合实训及参考答案,凡使用本书作为教材的教师均可登录机械工业出版社教育服务网 www.cmpedu.com 注册下载。咨询电话:010-88379375。

图书在版编目(CIP)数据

建设工程监理概论/王军,董世成主编. —4版.—北京:机械工业出版社,2022.11 (2025.2重印)

"十二五"职业教育国家规划教材:修订版

ISBN 978-7-111-71903-8

Ⅰ.①建… Ⅱ.①王… ②董… Ⅲ.①建筑工程-监理工作-高等职业教育-教材 Ⅳ.①TU712.2

中国版本图书馆 CIP 数据核字(2022)第 197716 号

机械工业出版社(北京市百万庄大街 22 号 邮政编码 100037)

策划编辑:常金锋　　　　　责任编辑:常金锋　陈将浪　高凤春

责任校对:陈　越　李　杉　　责任印制:常天培

北京机工印刷厂有限公司印刷

2025 年 2 月第 4 版第 6 次印刷

184mm×260mm・12.5 印张・274 千字

标准书号:ISBN 978-7-111-71903-8

定价:45.00 元

电话服务　　　　　　　　　　　网络服务

客服电话:010-88361066　　　　机　工　官　网:www.cmpbook.com
　　　　　010-88379833　　　　机　工　官　博:weibo.com/cmp1952
　　　　　010-68326294　　　　金　书　网:www.golden-book.com

封底无防伪标均为盗版　　　　　机工教育服务网:www.cmpedu.com

前　言

为适应社会主义市场经济体制和建设工程管理体制改革，及时更新相关知识内容，以增强教材的适用性和实用性；同时，积极探索高等职业教育教学改革，突出职业教育特色，强化立德树人及素养教育，特对《建设工程监理概论》做第三次修订，以飨读者。

本书在修订时，坚决贯彻党的二十大精神，教材内容以学生的全面发展为培养目标，融"知识学习、技能提升、素质培育"于一体，严格落实立德树人根本任务。本次修订参照现行法律法规、规范和标准，全面贯彻教育部《高等学校课程思政建设指导纲要》文件精神，在《建设工程监理概论》（第3版）（以下简称"第3版"）的基础上进行编写。主要在以下几个方面做了较大调整：

1. 更新内容，紧跟政策法规。依据《建设工程监理合同（示范文本）》（GF—2012—0202）、《监理工程师职业资格制度规定》《监理工程师职业资格考试实施办法》等与建设工程监理相关的法律法规和行业标准规定，对第3版的各章节内容进行了全面更新。

2. 适度增减，合理调整结构。紧紧围绕"三控、四管、一协调"，对第3版的内容和结构进行适度精简与调整，删除了"国外工程项目管理简介"，增设了"建设工程安全生产管理"，将建设法规并入"绪论"。每章后均设置了"素养小提升"模块。

3. 方便教学，丰富教学资源。录制了部分微课，增设了扫码拓展阅读内容，并配有包括课程标准、电子课件、综合实训、考试模拟试题在内的众多资源，用书老师可在"机工教育"网上下载，更加方便教师教学和学生学习。

4. 立德树人，强化素养教育。采取"素养小提升"+"课程思政教学建议"（在"机工教育"网上下载）模式，积极探索和充分挖掘教学内容蕴含的思想教育资源，促进思想教育与专业知识教育的紧密结合，落实立德树人根本任务。

本书由黑龙江工业学院王军（第一章、第三章、第五章第三节）、董世成（第四章、第六章第一节和第二节、第八章）担任主编，黑龙江工业学院杨惠予（第二章、第五章第二节、第十章）、黑龙江省鸡西市工程质量监督站姜皓（第五章第一节和第四节、第七章、第九章）担任副主编。参加编写的人员还有内蒙古建筑职业技术学院银花（第六章第三节、综合实训）、黑龙江科技大学齐伟军（附录Ⅰ、Ⅱ、Ⅲ）。全书由王军负责统稿，董世成负责全书图表的绘制。

由于作者水平有限，书中不足之处在所难免，希望广大读者多提宝贵意见，以便进一步完善。

编　者

资源列表

名称	图形	页码	名称	图形	页码
建设工程监理产生的历史背景		001	第三章综合实训		032
工程项目建设程序		009	项目监理机构		046
第一章综合实训		010	第四章综合实训		066
工程监理企业的资质及管理		013	建设工程投资控制		073
第二章综合实训		021	第五章综合实训		105
国际咨询工程师联合会		025	监理规划概述		106
监理工程师执业资格考试及注册		027	跃进嘉园建设工程监理规划		123

(续)

名称	图形	页码	名称	图形	页码
第六章综合实训		123	第九章综合实训		173
建设工程监理合同管理		128	建设工程监理信息管理		178
第七章综合实训		143	第十章综合实训		187
建设工程风险对策		157	附录Ⅰ 工程监理表格应用示例		188
第八章综合实训		163	附录Ⅱ 建设工程监理合同示例		188
监理企业在安全生产管理中的主要作用		167	附录Ⅲ 建设工程施工合同示例		188

Ⅴ

目　录

前言
资源列表

第一章　绪　论
第一节　概述 …………………………………………………………… 001
第二节　与工程监理相关的建设法规 ………………………………… 006
本章小结 ………………………………………………………………… 009
综合实训 ………………………………………………………………… 010

第二章　工程监理企业
第一节　概述 …………………………………………………………… 011
第二节　工程监理企业资质及管理 …………………………………… 013
第三节　工程监理企业经营管理 ……………………………………… 017
本章小结 ………………………………………………………………… 021
综合实训 ………………………………………………………………… 021

第三章　监理工程师
第一节　概述 …………………………………………………………… 023
第二节　监理工程师职业资格考试及注册 …………………………… 027
第三节　注册监理工程师的继续教育 ………………………………… 030
本章小结 ………………………………………………………………… 031
综合实训 ………………………………………………………………… 032

第四章　建设工程监理组织
第一节　概述 …………………………………………………………… 033
第二节　建设工程组织管理模式与监理委托模式 …………………… 037

第三节　建设工程监理实施的程序和原则 …………………………………… 043
第四节　项目监理机构 ……………………………………………………… 046
第五节　项目监理机构的人员配备与职责分工 …………………………… 053
第六节　建设工程监理的组织协调 ………………………………………… 058
本章小结 ……………………………………………………………………… 065
综合实训 ……………………………………………………………………… 066

第五章　建设工程目标控制

第一节　概述 ………………………………………………………………… 067
第二节　建设工程投资控制 ………………………………………………… 073
第三节　建设工程进度控制 ………………………………………………… 088
第四节　建设工程质量控制 ………………………………………………… 095
本章小结 ……………………………………………………………………… 105
综合实训 ……………………………………………………………………… 105

第六章　建设工程监理规划

第一节　概述 ………………………………………………………………… 106
第二节　建设工程监理规划的内容 ………………………………………… 112
第三节　跃进嘉园建设工程监理规划 ……………………………………… 123
本章小结 ……………………………………………………………………… 123
综合实训 ……………………………………………………………………… 123

第七章　建设工程合同管理

第一节　概述 ………………………………………………………………… 124
第二节　建设工程监理合同管理 …………………………………………… 128
第三节　建设工程施工合同管理 …………………………………………… 132
本章小结 ……………………………………………………………………… 142
综合实训 ……………………………………………………………………… 143

第八章　建设工程风险管理

第一节　概述 ………………………………………………………………… 144
第二节　建设工程风险识别 ………………………………………………… 148
第三节　建设工程风险评价 ………………………………………………… 152

第四节　建设工程风险对策 ··· 157
本章小结 ··· 162
综合实训 ··· 163

第九章　建设工程安全生产管理

第一节　概述 ··· 164
第二节　监理企业自身的安全管控 ································· 165
第三节　监理企业在安全生产管理中的主要工作 ··················· 167
本章小结 ··· 173
综合实训 ··· 173

第十章　建设工程监理信息与监理文档资料管理

第一节　概述 ··· 174
第二节　建设工程监理信息管理 ···································· 178
第三节　建设工程监理文档资料的管理 ····························· 182
本章小结 ··· 186
综合实训 ··· 187

附录

附录Ⅰ　工程监理表格应用示例 ···································· 188
附录Ⅱ　建设工程监理合同示例 ···································· 188
附录Ⅲ　建设工程施工合同示例 ···································· 188

参考文献 ··· 189

第一章 绪 论

> **学习目标**
>
> 了解建设工程监理制度产生的背景，建设工程监理的范围；熟悉《中华人民共和国建筑法》（以下简称《建筑法》）、《建设工程质量管理条例》（以下简称《质量管理条例》）、《建设工程监理规范》（GB/T 50319—2013）（以下简称《监理规范》）等文件；掌握建设工程监理的工作内容、性质和作用。

第一节 概 述

我国工程建设的历史已有几千年，但现代意义上的建设工程监理制度的建立则是从1988年开始的。

1988年7月，建设部（现为住房和城乡建设部，简称住建部）发布了《关于开展建设监理工作的通知》，我国在建设领域开始进行建设工程监理制度试点工作，5年后逐步推开。1997年11月，《建筑法》以法律制度的形式做出规定，国家推行建设工程监理制度，从而使建设工程监理制度在全国范围内进入全面推行阶段。

一、建设工程监理的概念

建设工程监理是指工程监理企业（也称工程监理单位）接受建设单位的委托，根据法律法规、工程建设标准、勘察设计文件及合同，在施工阶段对建设工程的质量、造价、进度进行控制，对合同、信息进行管理，对工程建设各方的关系进行协调，并履行建设工程安全生产管理法定职责的服务活动。

建设工程监理产生的历史背景

建设单位，也称业主、项目法人，是委托监理的一方。建设单位在工程建设中拥有确定建设工程规模、标准、功能以及选择勘察单位、设计单位、施工单位、监理企业等工程建设重大问题的决定权。

工程监理企业是指依法成立，并取得建设主管部门颁发的工程监理企业资质证书，从事建设工程监理与相关服务活动的服务机构。

建设工程监理的概念包括以下几个基本要点：

1. 建设工程监理的行为主体是工程监理企业

《建筑法》明确规定，实施监理的建设工程，由建设单位委托具有相应资质条件的工程监理企业实施监理。也就是说，建设工程监理只能由具有相应资质的工程监理企业来开展，建设工程监理的行为主体是工程监理企业，非工程监理企业所进行的监督管理活动不能称为建设工程监理，如建设主管部门的监督管理、总承包单位对分包单位的监督管理。

建设工程监理与建设主管部门的监督管理有本质的不同，后者的行为主体是政府部门，其对工程建设所进行的监督管理具有强制性，是行政性的监督管理。而总承包单位对分包单位的监督管理属于企业内部管理。

2. 建设工程监理实施的前提是建设单位的委托和授权

《建筑法》明确规定，建设单位与其委托的工程监理企业应当订立书面委托监理合同。也就是说，建设工程监理的实施需要建设单位的委托和授权。只有在委托监理合同明确了监理的范围、内容、权利、义务、责任等前提下，工程监理企业才能在规定的范围内行使管理权，合法地开展建设工程监理。很显然，工程监理企业在委托监理的工程中拥有一定的管理权限，能够开展管理活动，是建设单位授权的结果。

承建单位应根据法律法规的规定及其与建设单位签订的有关建设工程合同的规定，接受工程监理企业对其建设行为进行监督管理，接受并配合监理活动是其履行合同的一种行为。

3. 建设工程监理是有明确依据的工程建设管理行为

建设工程监理必须严格按照有关法律法规、合同和相关的建设文件来实施，其依据主要包括三个方面：

（1）相关法律法规及标准、规范　主要包括《建筑法》《中华人民共和国招标投标法》（以下简称《招标投标法》）等法律；《质量管理条例》《建设工程安全生产管理条例》《建设工程勘察设计管理条例》等行政法规；《工程建设标准强制性条文》《监理规范》等工程技术标准、规范，以及地方法规。

（2）建设合同　主要有建设单位与工程监理企业签订的委托监理合同和建设单位与承建单位签订的建设工程施工合同等。

（3）建设文件　包括批准的可行性研究报告、建设项目选址意见书、建设用地规划许可证、建设工程规划许可证、施工图设计文件、施工许可证等。

二、建设工程监理的工作内容

在施工阶段，建设工程监理主要工作内容可概括为"三控、四管、一协调"。具体如下：

（1）投资控制　项目监理机构应根据建设工程监理合同的约定，按照投资控制原理，在保证建设工程工期和质量满足要求的前提下，充分利用组织、经济、技术、合同等措施以及比较、分析、预测、纠偏、检查等方法对工程投资进行控制，确保将工程造价控制在批准的工程造价目标范围内。

（2）进度控制　项目监理机构应根据建设工程监理合同的约定，遵循进度控制原理，充分利用组织、管理、合同、经济、技术、信息等措施以及跟踪检查、分析和调整等方法，对工程进展程度和工程最终完成的期限进行控制，以保证建设工程在满足时间约束的条件下实现工程总目标。

（3）质量控制　项目监理机构应根据建设工程监理合同的约定，遵循质量控制基本原理，坚持预防为主的原则，制定监理工作制度，实施有效的监理措施，采用审查、巡视、监理指令、监理报告、旁站、见证取样、验收和平行检验等方法对建设工程质量实施控制。

（4）合同管理　项目监理机构应依据建设工程监理合同的约定进行施工合同管理，处理工程暂停及复工、工程变更、工程延期及工期延误、索赔及施工合同争议与解除等事宜。

（5）风险管理　项目监理机构对工程建设过程中可能存在的风险和损失进行识别、分析与评价，预先制定相应的防范措施。

（6）信息管理　项目监理机构对在履行建设工程监理合同过程中形成或获取的，以一定形式记录、保存的文件资料进行整理、传递、归档，并向建设单位移交有关监理文件资料。

（7）安全生产管理　项目监理机构应根据法律法规、工程建设强制性标准，履行建设工程安全生产管理的法定监理职责。

（8）组织协调　项目监理机构应建立协调管理制度，采用有效方式协调工程建设相关方的关系，组织有关单位研究解决建设工程相关问题。

三、建设工程监理的范围

《建设工程监理范围和规模标准规定》对实行强制性监理的工程范围做了具体规定，要求下列工程必须实行工程监理：

（1）国家重点建设工程　它是指依据《国家重点建设项目管理办法》所确定的对国民经济和社会发展有重大影响的骨干项目。

（2）大中型公用事业工程　它是指项目总投资额在 3000 万元以上的下列工程项目：供水、供电、供气、供热等市政工程项目；科技、教育、文化等项目；体育、旅游、商业等项目；卫生、社会福利等项目；其他公用事业项目。

（3）成片开发建设的住宅小区工程　它是指建筑面积在 5 万 m^2 以上的住宅建设工程。

（4）利用外国政府或者国际组织贷款、援助资金的工程　其工程范围包括使用世界银行、亚洲开发银行等国际组织贷款资金的项目；使用国外政府及其机构贷款资金的项目；使用国际组织或者国外政府援助资金的项目。

（5）国家规定必须实行监理的其他工程　它是指项目总投资额在 3000 万元以上关系社会公共利益、公众安全的交通运输、水利建设、城市基础设施、生态环境保护、信息产业、能源等基础设施项目,以及学校、影剧院、体育场馆项目。

四、建设工程监理的性质

1. 服务性

服务性是建设工程监理的根本属性。在工程项目建设过程中,工程监理企业利用自己在工程建设方面的知识、技能和丰富的经验,以及必要的试验、检测手段为建设单位提供专业技术服务,以满足建设单位在工程项目管理方面的需求。

工程监理企业既不直接进行设计,也不直接进行施工;既不向建设单位承包造价,也不参与承建单位的利益分成,它所获得的是与其付出的劳动相对应的技术服务性报酬。

工程监理企业不能完全取代建设单位的管理活动,它不具有工程建设重大问题的决策权,它只能在授权范围内代表建设单位进行管理。

建设工程监理的服务对象是建设单位,监理服务是按照委托监理合同的规定进行的,是受法律约束和保护的。

2. 公正性

公正性是社会公认的职业道德准则,是监理行业能够长期生存和发展的基本职业道德准则。工程监理企业在开展建设工程监理活动中,必须维护建设单位和承建单位双方的合法权益,一方面应严格履行监理合同的各项义务,竭诚地为建设单位服务;另一方面,应排除各种干扰,以客观、公正的态度对待被监理方,特别是当建设单位和承建单位之间发生利益冲突或矛盾时,应以事实为依据,法律为准绳,独立、公正地解决和处理问题。为建设单位提供满意的服务是工程监理企业的义务,但这不得以对承建单位不公为代价,更不能损害承建单位的利益。

另外,监理活动的成败还在于建设单位、承建单位和工程监理企业三方关系能否协调好,能否良好合作、相互支持、互相配合。如果监理工程师在监理活动中,无原则地偏袒建设单位或承建单位,必定引起各种纠纷,影响工程监理活动的正常开展。

3. 独立性

《建筑法》明确指出,工程监理企业应当根据建设单位的委托,客观、公正地执行监理任务。《监理规范》要求工程监理企业按照"公正、独立、自主"的原则开展监理工作。因此,工程监理企业在履行监理合同义务和开展监理活动的过程中,要建立自己的组织,要确定自己的工作准则,要运用自己掌握的方法和手段,根据自己的判断,独立地开展工作。

工程监理企业是直接参与工程项目建设的"三方当事人"之一,它与建设单位、承建单位之间的关系是平等的、横向的,它与委托方(建设单位)也不存在隶属关系。

4. 科学性

从事工程建设监理活动,应当遵循科学的准则。当今工程规模日趋庞大,功能、标准要求越来越高,新材料、新工艺、新技术不断涌现,参加组织和建设的单位也越来越多，市场竞争日益激烈，风险日渐增加。所以，只有不断地采用新的更加科学的思想、理论、方法、手段才能完成好监理任务。同时，承担设计、施工、材料设备供应的都是社会化、专业化的单位，这些单位在技术和管理方面已经达到一定的水平，如果工程监理企业没有更高的专业技术能力和管理水平，是无法对被监理企业进行监督与管理的。

五、建设工程监理的作用

建设工程监理的作用主要表现在以下几方面：

1. 有利于提高建设工程投资决策的科学化水平

在建设单位委托工程监理企业实施全方位全过程监理的条件下，在建设单位有了初步的项目投资意向之后，工程监理企业可协助建设单位选择适当的工程咨询机构，管理工程咨询合同的实施，并对咨询结果（如项目建议书、可行性研究报告）进行评估，提出有价值的修改意见和建议；或者直接从事工程咨询工作，为建设单位提供建设方案。工程监理企业参与或承担项目决策阶段的监理工作，有利于提高项目投资决策的科学化水平，避免项目投资决策失误，也为实现建设工程投资综合效益最大化打下了良好的基础。

2. 有利于规范工程建设参与各方的建设行为

工程建设参与各方的建设行为都应当符合法律法规、规章和市场准则的要求。要做到这一点，仅仅依靠自律机制是远远不够的，还需要建立有效的约束机制。为此，首先需要政府对工程建设参与各方的建设行为进行全面的监督管理，这是最基本的约束，也是政府的主要职能之一。但是，由于客观条件所限，政府的监督管理不可能深入每一项建设工程的实施过程中，因而还需要建立另一种约束机制，能在建设工程实施过程中对工程建设参与各方的建设行为进行约束。建设工程监理制度就是这样一种约束机制。

在建设工程实施过程中，工程监理企业可依据委托监理合同和有关的建设工程合同对承建单位的建设行为进行监督管理。由于这种约束机制贯穿于工程建设的全过程，采用事前、事中和事后控制相结合的方式，因此可以有效地规范各承建单位的建设行为，最大限度地避免不当建设行为的发生。即使出现不当建设行为，也可以及时加以制止，最大限度减少不良后果。应当说，这是约束机制的根本目的。由于建设单位不了解建设工程有关的法律法规、规章、管理程序和市场行为准则，也可能发生不当建设行为。在这种情况下，工程监理企业可以向建设单位提出适当的建议，从而避免发生建设单位的不当建设行为，这对规范建设单位的建设行为也可起到一定的约束作用。

当然，要发挥上述约束作用，工程监理企业首先必须规范自身的行为，并接受政府的监督管理。

3. 有利于促进承建单位保证建设工程质量和使用安全

建设工程是一种特殊的产品，不仅价值大、使用寿命长，而且还关系到人民的生命财产安全。因此,保证建设工程质量和使用安全就显得尤为重要,在这方面不允许有丝毫的懈怠和疏忽。

工程监理企业对承建单位建设行为的监督管理,实际上是从产品需求者的角度对建设工程生产过程的管理,这与产品生产者自身的管理有很大的不同。而工程监理企业又不同于建设工程的实际需求者,其监理人员都是既懂工程技术又懂经济管理的专业人士,他们有能力及时发现建设工程实施过程中出现的问题,发现工程材料、设备以及阶段产品存在的问题,从而避免留下工程质量隐患。因此,实行建设工程监理制度之后,在加强承建单位自身对工程质量管理的基础上,由工程监理企业介入建设工程生产过程的管理,对保证建设工程质量和使用安全有着重要作用。

4. 有利于实现建设工程投资效益最大化

建设工程投资效益最大化有以下三种不同表现:

1)在满足建设工程预定功能和质量标准的前提下,建设投资额最少。
2)在满足建设工程预定功能和质量标准的前提下,建设工程寿命周期费用(或全寿命费用)最少。
3)建设工程本身的投资效益与环境、社会效益的综合效益最大化。

实行建设工程监理制度之后,工程监理企业一般能协助建设单位实现上述建设工程投资效益最大化的第一种表现,也能在一定程度上实现上述第二种和第三种表现。随着建设工程寿命周期费用思想和综合效益理念被越来越多的建设单位所接受,建设工程投资效益最大化的第二种和第三种表现的比例将越来越大,从而显著提高我国全社会的投资效益,促进我国国民经济的发展。

第二节 与工程监理相关的建设法规

一、建设法规的概念

建设法规是指国家立法机关或其授权的行政机关制定的旨在调整国家及其有关机构、企事业单位、社会团体、公民之间在建设活动中或建设行政管理活动中发生的各种社会关系的法律法规的统称。

建设法规的表现形式有法律、行政法规和部门规章,以及地方性建设法规、规章。建设法规是规范和调整各种建设活动中行政管理关系、经济协作关系、民事关系的依据。

二、建设法规立法的基本原则

建设法规立法的基本原则是指建设法规在立法时所必须遵循的基本准则或要求。当前,我国建设法规立法应遵循以下基本原则:

1. 遵循市场经济规律原则

市场经济的特点是市场对资源配置起基础性作用，党的十四大提出：我国要建立的社会主义市场经济体制是同社会主义基本制度结合在一起的，目的就是要使市场在社会主义国家宏观调控下对资源配置起基础性作用，使经济活动遵循价值规律的要求，适应供求关系的变化。第八届全国人民代表大会第一次会议通过的《中华人民共和国宪法修正案》规定，国家实行社会主义市场经济。这不仅是宪法的基本原则，也是建设法规立法的基本原则。

2. 法制统一原则

建设法规体系是我国法律体系中的一个组成部分，是建设法规的立法所必须遵循的法制统一原则。宪法是我国的根本大法，建设法规体系的每一个法律都必须符合宪法的精神与要求，同时也不能与其他法律体系相冲突。建设法规体系内部高层的法律法规对其下一层次的法规、规章具有制约性和指导性。地位相等的建设法规和规章在内容规定上不应互为矛盾。

3. 责权利相一致原则

责权利相一致原则是对建设行为的权利和义务或责任在建设立法上提出的一项基本要求。

三、建设法规体系

1. 建设法规体系的概念

建设法规体系是我国法律体系的重要组成部分，是指根据《中华人民共和国立法法》的规定，制定和公布施行的有关建设工程的各项法律、行政法规、地方性法规、自治条例、单行条例、部门规章和地方政府规章的总称。

2. 建设法规体系的构成

按1990年建设部印发的《建设法律体系规划方案》，我国建设法规体系的基本框架由纵向结构和横向结构所组成。从纵向结构看，建设法规体系按立法权限划分为以下五个层次：

（1）法律　法律是指由全国人民代表大会及其常务委员会审议通过的属于住建部主管业务范围的用以规范工程建设活动的各项法律规范，由国家主席签署主席令予以公布。它是建设法律体系的核心。如《建筑法》《中华人民共和国城乡规划法》等。

（2）行政法规　行政法规是指国务院依据宪法和法律制定并颁布的属于建设部门主管业务范围内的用以规范工程建设活动的各项法规，由国务院总理签署国务院令予以公布。如《质量管理条例》《建设工程勘察设计管理条例》等。

（3）部门规章　部门规章是指住建部根据国务院规定的职权范围，独立或同国务院有关部门联合根据国家法律和国务院的行政法规、决定、命令制定并颁布的规范工程建设活动的各项规章，由住建部部长签署建设部令予以公布。

（4）地方性法规　地方性法规是指在不与宪法、法律、行政法规相抵触的前提下，由省、自治区、直辖市人民代表大会及其常务委员会制定并发布的建设方面的法规。包括省会城市（自治区首府）和经国务院批准的较大的市人民代表大会及其常务委员会制定的，报省、自治区人民代表大会及其常务委员会批准的各种法规。

（5）地方性规章　地方性规章是指省、自治区、直辖市以及省会城市（自治区首府）和经国务院批准的较大的市的人民政府，根据法律和国务院的行政法规制定并颁布的建设方面的规章。此外，与建设活动关系密切的法律、行政法规和部门规章，也起着调整一部分建设活动的作用，其所包含的内容或某些规定，也是构成建设法规体系的内容。

四、与建设工程监理相关的法律、行政法规、部门规章

下面列举和介绍的是与建设工程监理有关的法律、行政法规和部门规章，不涉及地方性法规、条例、规章。

1. 法律

与工程监理相关的法律有《建筑法》《中华人民共和国城乡规划法》《中华人民共和国土地管理法》《中华人民共和国招标投标法》《中华人民共和国民法典》《中华人民共和国环境保护法》《中华人民共和国环境影响评价法》等法律。下面简要介绍《建筑法》。

《建筑法》是我国工程建设领域的一部大法，于1997年11月1日第八届全国人民代表大会常务委员会第28次会议通过，自1998年3月1日起施行，并于2011年4月和2019年4月先后两次修订。全文分8章共计85条。整部法律内容是以建筑市场管理为中心，以建筑工程质量和安全为重点，以建筑活动监督管理为主线形成的。旨在加强对建筑业活动的管理，维护建筑市场秩序，保证建设工程的质量和安全，保障建筑活动当事人的合法权益。

其中，第四章"建设工程监理组织"的内容主要包括：
1) 建设单位委托监理单位的规定。
2) 监理单位代表建设单位对设计单位、建筑施工企业实施监督的权利。
3) 监理单位的义务与责任。

2. 行政法规

与工程监理相关的行政法规有《质量管理条例》《建设工程安全生产管理条例》《建设工程勘察设计管理条例》《中华人民共和国土地管理法实施条例》等。下面简要介绍《质量管理条例》。

《质量管理条例》自2000年1月30日发布并施行，共分9章共计82条。它以建设工程质量责任主体为基线，规定了建设单位、勘察单位、设计单位、施工单位和工程监理单位的质量责任和义务，明确了工程质量保修制度、工程质量监督制度等内容，并对

各种违法违规行为的处罚做了规定。其中，第5章"工程监理单位的质量责任和义务"共计5条，简要概述为：

1) 市场准入和市场行为规定。
2) 工程监理单位与被监理单位关系的限制性规定。
3) 工程监理单位对施工质量监理的依据和监理责任的规定。
4) 监理人员资格要求及权力方面的规定。
5) 监理方式的规定。

3. 部门规章

与工程监理相关的部门规章主要有以下内容：

1)《工程监理企业资质管理规定》。
2)《建设工程监理范围和规模标准规定》。
3)《建筑工程设计招标投标管理办法》。
4)《房屋建筑和市政基础设施工程施工招标投标管理办法》。
5)《评标委员会和评标方法暂行规定》。
6)《建筑工程施工发包与承包计价管理办法》。
7)《建筑工程施工许可管理办法》。
8)《实施工程建设强制性标准监督规定》。
9)《房屋建筑工程质量保修办法》。
10)《房屋建筑工程和市政基础设施工程竣工验收备案管理暂行办法》。
11)《房屋建筑工程施工旁站监理管理办法（试行）》。
12)《城市建设档案管理规定》。

上述法律、行政法规、部门规章的效力依次是：法律、行政法规、部门规章。

本章小结

工程项目建设程序

我国的建设工程监理制度是为适应社会主义市场经济体制而产生和发展的现代化工程建设管理体制，是建设工程项目在建设程序中的一项重要内容。建设工程监理的中心任务是控制工程项目目标，也就是控制经过科学的规划所确定的工程项目的投资、进度和质量。服务性、公正性、独立性、科学性是工程监理的主要性质。建设工程监理有利于提高建设工程投资决策科学化水平、有利于规范工程建设参与各方的建设行为、有利于促进承建单位保证建设工程质量和使用安全、有利于实现建设工程投资效益最大化。建设法规的作用是调整在建设活动中或建设行政管理活动中发生的各种社会关系，了解我国建设法规对于做好建设工程监理工作具有重要意义。

综合实训

第一章综合实训

素养小提升

20世纪80年代改革开放初期，我国的建设事业迅速发展。从1984年开始，建筑业推行招标承包制，建筑市场也因此逐渐形成，显著增强了市场活力。在大好形势下，也出现了不少问题。建筑市场秩序混乱，工程质量堪忧。出现这种情况主要是因为在分离国有资产的所有权与管理权，激发国有企业员工工作积极性的时候，没有同时建立起必要的约束机制，员工的质量责任感缺失。面对这种局面，有关部门认识到，必须采取措施解决这些问题。当时提出的办法就是建立一种制度，让第三方监督国有建设项目的实施过程。在对国外建设管理制度进行考察与研究之后，建设部认为在工程项目建设中应当有充当"公正第三方"的咨询机构，建设监理制度的设想便应运而生。1988年7月，建设部发布了《关于开展建设监理工作的通知》，在建设领域开始进行建设工程监理制度试点工作，5年后逐步推开。1997年11月，《中华人民共和国建筑法》明确规定，国家推行建设工程监理制度，从而使建设工程监理在全国范围内进入全面推行阶段。

从建设工程监理制度的产生过程可以看到，面对发展带来的新问题、新挑战，国家始终能迎难而上、积极面对，以改革解决发展中的问题，并取得了今天这样辉煌的成就，也使我们坚持改革开放的决心更加坚定，对社会主义道路、理论、制度、文化更加自信。

第二章

工程监理企业

> **学习目标**
>
> 了解工程监理企业的种类、资质等级标准及资质管理规定；熟悉监理业务取得方式；掌握工程监理企业经营活动的内容及基本准则。

第一节 概　述

按照我国现行法律法规的规定，工程监理企业的组织形式可以分为 5 种，即公司制监理企业、合伙监理企业、个人独资监理企业、中外合资经营监理企业、中外合作经营监理企业。其中，公司制监理企业是当前的主要形式。下面简要介绍公司制监理企业、中外合资经营监理企业和中外合作经营监理企业，其他不做赘述。

一、公司制监理企业

公司制企业是依照《中华人民共和国公司法》设立的、以营利为目的、自负盈亏、独立承担民事责任的企业法人单位，是采用规范的成本会计和财务会计制度、完整纳税的经济实体。其分为有限责任公司和股份有限公司。

1. 有限责任公司

有限责任公司是指由 50 个以下的股东共同出资，股东以其出资额对公司承担有限责任，公司以全部资产对公司的债务承担责任的企业法人。

（1）设立条件　有限责任公司的设立条件：股东符合法定人数；有符合公司章程规定的全体股东认缴的出资额；股东共同制定章程；有公司名称，建立符合有限责任公司要求的组织机构；有公司住所。

（2）组织机构　有限责任公司一般由股东会、董事会、经理、监事会构成。股东会是公司的权力机构，由全体股东组成；董事会成员一般为 3~13 人，股东人数较少或者规模较小的有限责任公司可不设董事会，只设 1 名执行董事兼任公司经理；有限责任公司的经理对董事会负责，行使公司职权，由董事会决定聘任或解聘；监事会一般不少于 3 人，规模较小或股东人数较少的有限责任公司可不设监事会，只设 1 或 2 名监事。

（3）资本筹集　有限责任公司不对外发行股票，股东的出资额由股东协商确定。股东交付股金后，公司出具股权证书，作为股东在公司中拥有的权益凭证，这种凭证不同于股票，不能自由流通，必须在其他股东同意的条件下才能转让，且要优先转让给公司原有股东。公司股东所负责任仅以出资额为限，即把股东投入公司的财产与个人的其他财产脱钩，公司破产或解散时，只以公司所有的资产偿还债务。公司具有法人地位，在公司名称中必须注明有限责任公司字样。公司股东可以作为雇员参与公司的经营管理，通常公司管理者也是公司的所有者。公司账目可以不公开，尤其是公司的资产负债表一般不公开。

2. 股份有限公司

股份有限公司是指拥有 2 人以上、200 人以下的发起人（其中半数以上发起人在中国境内有住所），其全部资本分为等额股份，并通过发行股票筹集资本，股东以其所持股份为限对公司承担责任，公司则以其全部资产对公司的债务承担责任的企业法人。公司注册资本为在公司登记机关登记的全体发起人认购的股本总额。

（1）设立条件　股份有限公司的设立条件：发起人符合法定人数；有符合公司章程规定的全体发起人认购的股本总额或者募集的实收股本总额；股份发行、筹办事项符合法律规定；发起人制订公司章程，采用募集方式设立的股份有限公司的公司章程应经创立大会通过；有公司名称，建立符合股份有限公司要求的组织机构；有公司住所。

（2）组织机构　股份有限公司一般由股东大会、董事会、经理、监事会构成。股东大会是公司的权力机构，由全体股东组成；董事会成员一般为 5～19 人，上市公司需要设立独立董事和董事会秘书；股份有限公司的经理由董事会决定聘任或解聘，董事会可以任命董事会成员兼任经理；监事会一般不少于 3 人。

（3）资本筹集　设立股份有限公司可以采取发起设立和募集设立方式。发起设立是指由发起人认购公司应发行的全部股份而设立公司。募集设立是指由发起人认购公司应发行股份的一部分，其余部分向社会募集而设立公司。公司向社会公开发行股票，股东以其所认购的股份对公司承担有限责任、享受权利和承担义务。公司名称中必须标明"股份有限公司"字样。公司作为独立的法人，有自己独立的财产，对外经营业务时，以其独立的财产承担公司债务。公司账目必须公开，便于股东全面掌握公司情况。股份有限公司管理实行两权分离，董事会接受股东大会委托，监督公司财产的保值、增值，行使公司财产所有者职权；经理由董事会聘任，掌握公司经营权。

二、中外合资经营监理企业

中外合资经营监理企业是指中国的企业或其他经济组织与外国的公司、企业、其他经济组织或个人，双方在平等互利的基础上，依据《中华人民共和国外商投资法》，签订合同、制定章程，经我国政府批准在我国境内共同投资、经营、管理，共同分享利润和承担风险，主要从事工程监理业务的监理企业。中外合资经营监理企业注册资本中的外资一般不低于 25%。

中外合资经营监理企业的组织形式为有限责任公司，具有法人资格；合营双方共同经营管理，实行单一的董事会领导下的总经理负责制；合营企业一般以货币形式计算各方的投资比例，并按注册资本比例分配利润和分担风险。

三、中外合作经营监理企业

中外合作经营监理企业是指中国的企业或其他经济组织同国外的企业、其他经济组织或个人，按照平等互利的原则和我国法律的规定，用合同约定双方的权利与义务，在我国境内共同举办的从事工程监理业务的经济实体。

中外合作经营监理企业既可以是法人型企业，也可以是非法人型企业，法人型企业独立对外承担责任，非法人型企业分别由合作各方对外承担连带责任；合作企业既可以采取董事会负责制，也可以采取联合管理制；既可由双方组织联合管理机构进行管理，也可以由一方管理，还可以委托第三方管理；合作企业以合同规定投资或者提供合作条件，以非现金投资作为合作条件的可不以货币形式作价，不计算投资比例；合作企业按合同约定分配收益和分担风险。

第二节 工程监理企业资质及管理

工程监理企业的资质及管理

一、工程监理企业资质

工程监理企业资质是指工程监理企业的综合实力，包括企业技术能力、业务及管理水平、经营规模、社会信誉等。

工程监理企业应当按照所拥有的注册资本、专业技术人员数量和工程监理业绩等资质条件申请资质，经审查合格，取得相应等级的资质证书后，方可在其资质等级许可的范围内从事工程监理活动。

工程监理企业资质按照等级分为综合资质、专业资质和事务所资质。其中，综合资质、事务所资质不分级别。专业资质分为甲级、乙级，并按照工程性质和技术特点划分为14个工程类别；其中，房屋建筑、水利水电、公路和市政公用的专业资质可设立丙级。

二、工程监理企业的资质等级标准与业务范围

2007年6月26日发布的建设部158号令《工程监理企业资质管理规定》对工程监理企业的资质等级标准与业务范围有以下规定：

1. 综合资质标准及业务范围

1）具有独立法人资格且注册资本不少于600万元。
2）企业技术负责人应为注册监理工程师，并具有15年以上从事工程建设工作的经历或者具有工程类高级职称。
3）具有5个以上工程类别的专业甲级工程监理资质。

4）注册监理工程师不少于60人，注册造价工程师不少于5人，一级注册建造师、一级注册建筑师、一级注册结构工程师或者其他勘察设计注册工程师合计不少于15人次。

5）企业具有完善的组织结构和质量管理体系，有健全的技术、档案等管理制度。

6）企业具有必要的工程试验检测设备。

7）申请工程监理资质之日前1年内没有《工程监理企业资质管理规定》第十六条禁止的行为。

8）申请工程监理资质之日前1年内没有因本企业监理责任造成重大质量事故。

9）申请工程监理资质之日前1年内没有因本企业监理责任发生三级以上工程建设重大安全事故或者发生两起以上四级工程建设安全事故。

其业务范围是：可以承担所有专业工程类别建设工程项目的工程监理业务。

2. 专业资质标准及业务范围

（1）甲级

1）具有独立法人资格且注册资本不少于300万元。

2）企业技术负责人应为注册监理工程师，并具有15年以上从事工程建设工作的经历或者具有工程类高级职称。

3）注册监理工程师、注册造价工程师、一级注册建造师、一级注册建筑师、一级注册结构工程师或者其他勘察设计注册工程师合计不少于25人次；其中，相应专业注册监理工程师不少于"专业资质注册监理工程师人数配备表"（表2-1）中要求配备的人数，注册造价工程师不少于2人。

表2-1　专业资质注册监理工程师人数配备表　　　　　　（单位：人）

序号	工程类别	甲级	乙级	丙级
1	房屋建筑工程	15	10	5
2	冶炼工程	15	10	—
3	矿山工程	20	12	—
4	化工石油工程	15	10	—
5	水利水电工程	20	12	5
6	电力工程	15	10	—
7	农林工程	15	10	—
8	铁路工程	23	14	—
9	公路工程	20	12	5
10	港口与航道工程	20	12	—
11	航天航空工程	20	12	—
12	通信工程	20	12	—
13	市政公用工程	15	10	5
14	机电安装工程	15	10	—

注：表中各专业资质注册监理工程师人数配备是指企业取得本专业工程类别注册的注册监理工程师人数。

4）企业近 2 年内独立监理过 3 个以上相应专业的二级工程项目，但是，具有甲级设计资质或一级及以上施工总承包资质的企业申请本专业工程类别甲级资质的除外。

5）企业具有完善的组织结构和质量管理体系，有健全的技术、档案等管理制度。

6）企业具有必要的工程试验检测设备。

7）申请工程监理资质之日前 1 年内没有《工程监理企业资质管理规定》第十六条禁止的行为。

8）申请工程监理资质之日前 1 年内没有因本企业监理责任造成重大质量事故。

9）申请工程监理资质之日前 1 年内没有因本企业监理责任发生三级以上工程建设重大安全事故或者发生两起以上四级工程建设安全事故。

其业务范围是：可承担相应专业工程类别建设工程项目的工程监理业务。

（2）乙级

1）具有独立法人资格且注册资本不少于 100 万元。

2）企业技术负责人应为注册监理工程师，并具有 10 年以上从事工程建设工作的经历。

3）注册监理工程师、注册造价工程师、一级注册建造师、一级注册建筑师、一级注册结构工程师或者其他勘察设计注册工程师合计不少于 15 人次；其中，相应专业注册监理工程师不少于"专业资质注册监理工程师人数配备表"（表 2-1）中要求配备的人数，注册造价工程师不少于 1 人。

4）有较完善的组织结构和质量管理体系，有技术、档案等管理制度。

5）有必要的工程试验检测设备。

6）申请工程监理资质之日前 1 年内没有《工程监理企业资质管理规定》第十六条禁止的行为。

7）申请工程监理资质之日前 1 年内没有因本企业监理责任造成重大质量事故。

8）申请工程监理资质之日前 1 年内没有因本企业监理责任发生三级以上工程建设重大安全事故或者发生两起以上四级工程建设安全事故。

其业务范围是：可承担相应专业工程类别二级以下（含二级）建设工程项目的工程监理业务。

（3）丙级

1）具有独立法人资格且注册资本不少于 50 万元。

2）企业技术负责人应为注册监理工程师，并具有 8 年以上从事工程建设工作的经历。

3）相应专业的注册监理工程师不少于"专业资质注册监理工程师人数配备表"（表 2-1）中要求配备的人数。

4）有必要的质量管理体系和规章制度。

5）有必要的工程试验检测设备。

其业务范围是：可承担相应专业工程类别三级建设工程项目的工程监理业务。

3．事务所资质标准及业务范围

1）取得合伙企业营业执照，具有书面合作协议书。

2）合伙人中有 3 名以上注册监理工程师，合伙人均有 5 年以上从事建设工程监理的工作经历。

3）有固定的工作场所。

4）有必要的质量管理体系和规章制度。

5）有必要的工程试验检测设备。

其业务范围是：可承担三级建设工程项目的工程监理业务（国家规定必须实行强制监理的工程除外）。

此外，各资质等级工程监理企业都可以开展相应类别建设工程的项目管理、技术咨询等业务。

三、工程监理企业资质申请

工程监理企业申请资质，应到企业注册所在地的省、自治区、直辖市人民政府建设主管部门办理资质申请审批手续。

新设立的监理企业申请资质，须到工商行政管理部门登记注册并取得企业法人营业执照后，方可办理资质申请手续。申请时应提交下列资料：

1）工程监理企业资质申请表（一式三份）及相应的电子文档。

2）企业法人、合伙企业营业执照。

3）企业章程或合伙人协议。

4）企业法定代表人、企业负责人和技术负责人的身份证明、工作简历及任命（聘用）文件。

5）工程监理企业资质申请表中所列注册监理工程师及其他注册执业人员的注册执业证书。

6）有关企业质量管理体系、技术和档案等管理制度的证明材料。

7）有关工程试验检测设备的证明材料。

取得专业资质的企业申请晋升专业资质等级或者取得专业甲级资质的企业申请综合资质的，除上述规定的材料外，还应当提交企业原工程监理企业资质证书的正、副本复印件，企业《监理业务手册》及近两年已完成代表工程的监理合同、监理规划、工程竣工验收报告及监理工作总结。

为实施简政放权、放管结合、优化服务，住建部积极推进"互联网＋政务服务"智慧审批改革，2017 年 2 月 1 日起住建部对工程监理企业资质申报材料进行了简化，详见《住房城乡建设部办公厅关于简化工程监理企业资质申报材料有关事项的通知》（建办市〔2016〕58 号）。2019 年国内部分地区开展了工程监理企业资质告知承诺制审批改革试点；2020 年 12 月住建部发布了《住房和城乡建设部办公厅关于进一步做好建设工程企业资质告知承诺制审批有关工作的通知》（建办市〔2020〕59 号），对告知承诺制审批流程进行了进一步的规范化处理。

四、违规处理

工程监理企业必须依法开展监理工作，全面履行工程监理合同约定的责任和义务，一旦出现违规现象，建设主管部门可根据情节给予警告、责令改正、罚款或撤销、撤回、吊销资质等处罚。构成犯罪的，由司法机关依法追究主要责任者的刑事责任。

监理企业违规现象主要指以下几种情况：
1）申请人隐瞒有关情况或者提供虚假材料申请工程监理企业资质的。
2）以欺骗、贿赂等手段取得工程监理企业资质证书。
3）在监理过程中实施商业贿赂。
4）涂改、伪造、出借、转让工程监理企业资质证书。
5）工程监理企业不及时办理资质证书变更手续的或逾期不办理的。
6）未按规定要求提供工程监理企业信用档案信息的。

第三节 工程监理企业经营管理

一、工程监理企业经营活动基本准则

工程监理企业所从事的建设工程监理活动，应当遵循"守法、诚信、公正、科学"的准则。

1. 守法

守法，即遵守国家的法律法规。对于工程监理企业来说，守法就是要依法经营，主要表现为：

1）工程监理企业只能在核定的业务范围内开展经营活动。工程监理企业的业务范围，是指经工程监理资质管理部门审查确认、填写在资质证书中的主项资质和增项资质。核定的业务范围包括两方面：一是监理业务的工程类别；二是承接监理工程的等级。如建筑工程监理企业只能监理工业与民用建筑工程项目，不能监理高速公路、铁路等工程项目；乙级监理企业资质可承接相应专业工程类别二级及以下工程项目的监理业务。

2）工程监理企业不得伪造、涂改、出租、出借、转让、出卖资质等级证书。

3）建设工程监理合同一经双方签订，即具有法律约束力，工程监理企业应按照合同的约定认真履行，不得无故或故意违背自己的承诺。

4）工程监理企业离开原住所地承接监理业务，要自觉遵守当地人民政府颁发的监理法规和有关规定，主动向监理工程所在地的省、自治区、直辖市建设主管部门备案登记，并接受其指导和监督管理。

5）遵守国家关于企业法人的其他法律法规的规定。

2. 诚信

诚信，即诚实、守信用。它要求一切市场参加者在不损害他人利益和社会公共利益的前提下追求自己的利益，目的是在当事人之间的利益关系和当事人与社会之间的利益关系中实现平衡，并维护市场道德秩序。诚信原则的主要作用在于指导当事人以善意的心态、诚信的态度行使民事权利，承担民事义务，正确地从事民事活动。

企业信用的实质是解决经济活动中经济主体之间的利益关系。它是企业经营理念、经营责任和经营文化的集中体现。信用是企业的一种无形资产，良好的信用能为企业带来巨大的效益。监理企业应当树立良好的信用意识，使企业成为讲道德、讲信用的市场主体。

加强企业信用管理，提高企业信用水平是完善我国工程监理制度的重要保证。工程监理企业应当按照有关规定，向资质许可机关提供真实、准确、完整的工程监理企业的信用档案信息。工程监理企业的信用档案应当包括企业的基本情况、业绩、工程质量和安全记录、合同违约等信息。被投诉举报和处理、行政处罚等情况应当作为不良行为记入其信用档案。工程监理企业的信用档案信息按照有关规定向社会公示，公众有权查阅。

3. 公正

公正是指工程监理企业在监理活动中既要维护建设单位的利益，又不能损害承包商的正当权益。特别是在处理建设单位与承包商之间的矛盾和纠纷时，应该做到公平公正，不能因为工程监理企业接受建设单位的委托就偏袒建设单位。一般说来，工程监理企业维护建设单位的合法权益容易做到，而维护承包商的利益比较难。要做到公正地处理问题和事务，工程监理企业必须做到以下几点：

1）要培养良好的职业道德，不为私利而违心地处理问题。
2）要坚持实事求是的原则，不对上级或建设单位的意见唯命是从。
3）要提高综合分析问题的能力，不被局部问题或表面现象所蒙蔽。
4）要不断提高自身的专业技术能力，尤其是要尽快提高综合理解、熟练运用工程建设有关合同条款的能力，以便以合同条款为依据，恰当地协调、解决问题。

4. 科学

科学是指工程监理企业的监理活动要依据科学的方案，运用科学的手段，采取科学的方法，工程结束后还要进行科学的总结。

（1）科学的方案　监理工作的核心是"预控"，要达到预期的目的，就必须有一个系统的科学的方案，这个方案主要是指监理规划。其内容包括：工程监理的组织计划；监理工作的程序；各专业、各阶段的监理内容；工程的关键部位或可能出现的重大问题的监理措施等。总之，在实施监理前，要尽可能准确地预测各种可能的问题，有针对性地拟定解决办法，制定切实可行、行之有效的监理实施细则，使各项监理活动都纳入计划管理的轨道。

（2）科学的手段　实施工程监理必须借助于先进的科学仪器，以提高监理工作的效率及准确性，如计算机、摄像机及各种检测、试验、化验等仪器。

（3）科学的方法　监理工作的科学方法主要是指在掌握大量的、确凿的有关监理对象及其外部环境情况的基础上，适时、妥帖、高效地处理有关问题。解决问题时要以事实为依据，以确切的数据为依据，并且每次解决问题都要有书面记载。

二、市场开发

1. 监理业务的取得方式

工程监理企业承揽监理业务有两种方式：一是通过投标竞争取得；二是由建设单位直接委托取得。通过投标取得监理业务，是市场经济体制下比较普遍的形式。我国《招标投标法》明确规定，关系公共利益安全、由政府投资、使用外资等的工程实行监理必须招标。在不宜公开招标的工程和没有投标竞争对手的情况下，或者工程规模比较小、比较单一的监理业务，或者是对原工程监理企业的续用等情况下，建设单位也可以直接委托工程监理企业。

2. 工程监理企业的投标书

工程监理企业在通过投标承揽监理业务时，应根据工程建设项目监理招标文件编制投标书。工程监理企业投标书的核心是监理大纲，该大纲中的主要监理对策反映了工程监理企业所能提供的技术服务水平的高低。建设单位应把监理大纲作为评标的主要依据，而不应把监理费的高低当作选择工程监理企业的主要依据。作为工程监理企业，也不应以降低监理费作为竞争的主要手段。

监理大纲中的主要监理对策一般包括：根据监理招标文件的要求，针对建设单位委托监理工程项目的特点，初步拟订该项工程项目的监理工作指导思想；主要的管理措施、技术措施，以及拟投入的监理力量和为搞好该项工程建设而向建设单位提出的原则性的建议等。

3. 工程监理企业在竞争承揽监理业务中应注意的事项

1）严格遵守国家的法律法规及有关规定，遵守监理行业职业道德，不参与恶性压价竞争活动。

2）严格按照批准的经营范围承接监理业务，特殊情况下承接经营范围以外的监理业务时，需向资质管理部门申请批准。

3）承揽监理业务的总量要根据本单位的实情确定，不得在与建设单位签订监理合同后把监理业务转包给其他工程监理企业，或允许其他企业、个人以本监理企业的名义挂靠承揽监理业务。

4）对于监理风险较大的建设工程，可以联合几家工程监理企业组成联合体共同承担监理业务，以分担风险。

三、工程监理费

工程监理费是指建设单位依据委托监理合同支付给监理企业的酬金。它是构成工程概（预）算的一部分，在工程概（预）算中单独列支。

1. 工程监理费的构成

工程监理费由工程监理企业在工程项目监理活动中所需要的全部成本，包括直接成本和间接成本，再加上向国家缴纳的税金和工程监理企业一定的利润组成。

（1）直接成本　直接成本是指监理企业履行委托监理合同时所发生的成本。主要包括：

1）监理人员和监理辅助人员的工资、奖金、津贴、补助、附加工资等。

2）用于监理工作的常规检测工（器）具、计算机等办公设施的购置费和其他仪器、机械的租赁费。

3）用于监理人员和监理辅助人员的其他专项开支，包括办公费、通信费、差旅费、书报费、文印费、会议费、医疗费、劳保费、保险费、休假探亲费等。

4）其他费用。

（2）间接成本　间接成本是指全部业务经营开支及非工程监理工作的特定开支。主要包括：

1）管理人员、行政人员、后勤服务人员的工资，包括津贴、附加工资、奖金等。

2）经营业务费，包括为招揽监理业务而发生的各种费用，如广告费、宣传费、公证费等。

3）办公费用，包括办公用具、用品的购置费，交通费，报刊费，文印费，会议费等。

4）公用设施使用费，包括水、电、气、环卫、安保等费用。

5）附加费，包括劳动统筹、医疗统筹、福利基金、工会经费、人身保险、住房公积金、特殊补助等。

6）业务培训费，图书、资料购置费等教育经费。

7）其他费用。

（3）税金　税金是指按照国家规定，工程监理企业应该缴纳的各种税金总额，如增值税、所得税等。

（4）利润　利润是指工程监理企业的监理活动收入在扣除直接成本、间接成本和税金之后的余额。

2. 监理费的计算方法

监理费的计算方法，一般由建设单位与工程监理企业协商确定，常用的有以下几种方法：

（1）建设工程投资百分比计算法　这种方法是按照工程规模大小和所委托的监理工作的复杂性，以建设工程投资的一定百分比来计算。该方法比较简单，建设单位和工程监理企业均容易接受，也是国家制定监理取费标准的主要形式。采用这种方法的关键是确定计算监理费的基数。新建、改建、扩建工程以及较大型的技术改造工程所编制的工程概（预）算就是初始计算监理费的基数。工程结算时，再按实际工程投资进行调整。当然，作为计算监理费基数的工程概（预）算仅限于委托监理的工程部分。

（2）固定价格计算法　这种方法是指在明确监理工作内容的基础上，建设单位与监理企业协商一致确定的固定监理费，或监理企业在投标中以固定价格报价并中标而形成的监理合同价格。当工作有所增减时，一般也不调整监理费。该方法适用于监理内容比较明确的中小型工程监理费的计算，建设单位和工程监理企业都不会承担较大的风险。如住宅工程的监理费，可以按单位建筑面积的监理费乘以建筑面积确定监理费用的总价。

（3）工资加一定比例的其他费用计算法　这种方法是以项目监理机构监理人员的实际工资为基数乘上一个系数计算出来的。这个系数包括了应有的间接成本和税金、利润等。除了监理人员的工资之外，其他各项直接费用等均由建设单位另行支付。一般情况下，较少采用这种方法，因为在核定监理人员数量和监理人员的实际工资方面，建设单位与工程监理企业之间难以取得完全一致。

（4）按时计算法　这种方法是根据委托监理合同约定的服务时间（计算时间的单位可以是小时，可以是工作日或月），按照单位时间监理服务费来计算监理费的总额。单位时间的监理服务费一般是以工程监理企业员工的基本工资为基础，加上一定的管理费和利润（税前利润）。采用该方法时，监理人员的差旅费、工作函电费、资料费以及试验和检验费、交通费等均由建设单位另行支付。该方法主要适用于临时性的、短期的监理业务，或者不宜按其他方法计算监理费的监理业务。由于这种方法在一定程度上限制了工程监理企业潜在效益的增加，因而单位时间内监理费的标准比工程监理企业内部的实际标准要高得多。

本章小结

工程监理企业的主要职责是向项目建设单位提供科学的技术服务，对工程项目建设的质量、投资和进度进行管理，是一种全过程、全方位、多目标的管理；工程监理企业只能在核定的业务范围内开展经营活动，工程监理企业应本着守法、诚信、公正、科学的原则开展监理工作。工程监理企业可通过投标竞争或建设单位直接委托的方式获得监理业务。必须加强对工程监理企业的资质等级审批和管理才能促进工程建设的规范化、管理的制度化。加强工程监理企业的管理、促进其自身不断地完善和发展，对于实现我国建设监理制度与国际接轨、适应国际建筑市场的运作规律，有着重要意义。

第二章综合实训

素养小提升

2016年住建部办公厅发布了《住房城乡建设部办公厅关于简化工程监理企业资质申报材料有关事项的通知》（简称《通知》），《通知》规定申请工程监理专业甲级资质或综合资质的企业，以下申报材料不需提供：企业法人、合伙企业营业执照；企业章程或合伙人协议；企业法定代表人、企业负责人和技术负责人的身份证明、任命（聘用）文件，以及企业法定代表人、企业负责人的工作简历；有关企业质量管理体系、技术和档案等管理制度的证明材料等。这极大地精简了申报材料，简化了申报程序。同时，积极推进各省级住房和城乡建设主管部门建设本地区的工程项目数据库，完善数据补录办法，使真实有效的项目信息及时录入全国建筑市场监管与诚信信息发布平台，并要求各级住房和城乡建设主管部门采取人员抽查、业绩核查等形式加强工程监理企业资质动态监管，加强对项目总监理工程师在岗履职情况的监督检查，使企业的资质审批更具客观性，资质检查更具动态性。

　　这充分体现了政府简政放权、放管结合、优化服务的改革精神，以及转变政府职能、优化营商环境、激发市场主体活力、增强竞争力、保持经济平稳运行、促进高质量发展的决心。

第三章
监理工程师

> **学习目标**
>
> 了解监理工程师的基本概念、职业资格考试及注册制度；熟悉监理工程师应具备的素质、FIDIC 道德准则；掌握监理工程师的职业道德、权利、义务、违规处罚、法律责任，以及继续教育的规定。

第一节 概 述

监理工程师是指通过全国监理工程师职业资格考试取得监理工程师资格证书，并经建设主管部门注册，取得"中华人民共和国注册监理工程师注册执业证书"和执业印章，从事建设工程监理及相关服务等活动的专业技术人员。

未取得注册执业证书和执业印章的人员，不得以注册监理工程师的名义从事工程监理工作及相关业务活动。

一、监理工程师的素质

具体从事监理工作的监理人员既要具有一定的工程技术或工程经济方面的专业知识、较强的专业技术能力，能够对工程建设进行监督管理，提出指导性的意见，又要有一定的组织和协调能力，能够组织协调工程建设各方努力完成建设任务。所以，监理人员，尤其是监理工程师应是一种复合型人才，需要具有较高的素质。

1. 思想素质

1）热爱本职工作。
2）具有科学认真、实事求是的工作态度。
3）具有廉洁奉公、为人正直、办事公道的高尚情操。
4）能听取不同的意见，善于冷静分析问题，而且有良好的包容性。
5）具有良好的职业道德。

2. 业务素质

（1）较高的学历和多学科复合型的知识结构　工程建设涉及的学科很多，常用学科就有几十种。作为监理工程师，不可能学习和掌握这么多的专业理论知识，但起码应学习、掌握一种专业理论知识。没有深厚专业理论知识的人员是无法承担监理工程师工作的。因此，要成为一名监理工程师，至少应具有工程类大专以上学历，并了解或掌握一定的工程建设经济、法律和组织管理等方面的理论知识；同时，应不断学习和了解技术、设备、材料、工艺和法规等方面的新知识，从而成为一专多能的复合型人才。

（2）丰富的工程建设实践经验　监理工程师的业务内容体现的是工程技术理论与工程管理理论在工程建设中的具体应用，具有很强的实践性特点。因此，实践经验是监理工程师的重要素质之一。工程建设中出现的失误，多数原因与经验不足有关，少数原因是责任心不强。所以，我国在监理工程师注册制度中规定，取得硕士、大学本科、大学专科学历或学位的，分别需要有2年、4年、6年从事工程施工、监理、设计等业务工作经历，方可参加监理工程师的资格考试。

（3）较好的工作方法和善于组织协调　较好的工作方法和善于组织协调是体现监理工程师工作能力高低的重要因素。监理工程师要能够准确地综合运用专业知识和科学手段，做到事前有计划、事中有记录、事后有总结，建立较为完善的工作程序、工作制度，既要有原则性，又要有灵活性；同时，要能够做好参与工程建设各方的组织协调工作，发挥系统的整体功能，善于通过别人的工作把事情做好，实现投资、进度、质量目标的协调统一。

3. 身心素质

尽管建设工程监理工作是以脑力劳动为主，但是也必须具有健康的身体和充沛的精力，才能胜任繁忙、严谨的监理工作。尤其在工程建设施工阶段，由于露天作业且工作条件艰苦，这就更需要有健康的身体，否则就难以胜任工作。我国对年满65周岁的监理工程师就不再进行注册，主要就是考虑监理从业人员身体健康状况的适应能力而设定的条件。

二、监理工程师的职业道德

为了确保建设监理事业的健康发展，国家对监理工程师的职业道德和工作纪律都有严格的要求，在有关法规中也做了具体的规定。在监理行业中，监理工程师应严格遵守以下通用职业道德守则：

1）维护国家的荣誉和利益，按照"守法、诚信、公正、科学"的准则执业。

2）执行有关工程建设的法律法规、规范、标准和制度，履行监理合同规定的义务和职责。

3）努力学习专业技术和建设监理知识，不断提高业务能力和监理水平。

4）不以个人名义承揽监理业务。

5）不同时在两个或两个以上监理企业注册和从事监理活动，不在政府部门和施工、材料、设备的生产、供应等单位兼职。

6）不为所监理项目指定承建单位、建筑构（配）件、设备、材料的生产厂家，以及施工方法。

7）不收受被监理单位的任何礼金。

8）不泄露所监理工程各方认为需要保密的事项。

9）坚持独立自主地开展工作。

三、FIDIC 道德准则

国际咨询工程师联合会

国际咨询工程师联合会（FIDIC）于 1991 年在德国慕尼黑讨论批准了 FIDIC 通用道德准则，此后又进行了修订。该准则分别从对社会和工程咨询业的责任、能力、正直性、公正性、对他人公正、反腐败六个方面共计十六个要点规定了监理工程师的道德行为准则。

FIDIC 认识到，监理工程师的工作对取得社会信誉及其可持续发展是至关重要的。为使监理工程师的工作充分有效，不仅要求监理工程师不断提高自身的学识和技能，而且要求社会必须尊重他们的公正性，信任他们做出的判断，同时给予合理的报酬。

所有 FIDIC 的会员协会同意并且认为，如要取得社会对咨询工程师必要的信任，以下准则对其会员的行为是极其重要的：

1. 对社会和工程咨询业的责任

1）承担工程咨询业对社会所负的责任。

2）寻求符合可持续发展原则的解决方案。

3）始终维护工程咨询业的尊严、地位和荣誉。

2. 能力

1）保持其知识和技能水平与技术、法律和管理的发展一致，在为客户提供服务时运用应有的技能，谨慎、勤勉地工作。

2）只承担能够胜任的任务。

3. 正直性

始终维护客户的合法利益，并正直、忠实地提供服务。

4. 公正性

1）公正地提供专业建议、判断或决定。

2）告知客户在为其提供服务中可能产生的一切潜在的利益冲突。

3）不接受任何可能影响其独立判断的酬劳。

5. 对他人公正

1）推动"根据质量选择咨询服务"的理念。

2）不得无意或故意损害他人的名誉或业务。

3）不得直接或间接地试图取代已委托给其他咨询工程师的业务。

4）在客户未通知其他咨询工程师前，并在未接到客户终止其原先委托工作的书面指令前，不得接管该工程师的工作。

5）如被邀请评审其他咨询工程师的工作，应以恰当的行为和善意的态度进行。

6. 反腐败

1）既不提供也不收受任何形式的酬劳，这种酬劳试图或实际：寻求影响对咨询工程师的选聘或对其补偿，和（或）影响其客户；寻求影响咨询工程师的公正判断。

2）对于任何合法组成的调查团体来对任何服务合同或建设合同的管理进行调查，要充分予以合作。

四、监理工程师的权利和义务

注册监理工程师享有下列权利：
1）使用注册监理工程师称谓。
2）在规定范围内从事执业活动。
3）依据本人能力从事相应的执业活动。
4）保管和使用本人的注册执业证书和执业印章。
5）对本人执业活动进行解释和辩护。
6）接受继续教育。
7）获得相应的劳动报酬。
8）对侵犯本人权利的行为进行申诉。

注册监理工程师应当履行下列义务：
1）遵守法律法规和有关管理规定。
2）履行管理职责，执行技术标准、规范和规程。
3）保证执业活动成果的质量，并承担相应责任。
4）接受继续教育，努力提高执业水准。
5）在本人执业活动所形成的工程监理文件上签字、加盖执业印章。
6）保守在执业中知悉的国家秘密和他人的商业、技术秘密。
7）不得涂改、倒卖、出租、出借或者以其他形式非法转让注册执业证书或者执业印章。
8）不得同时在两个或者两个以上单位受聘或者执业。
9）在规定的执业范围和聘用单位业务范围内从事执业活动。
10）协助注册管理机构完成相关工作。

五、监理工程师的法律责任

监理工程师在执业过程中担负着重要的涉及生命、财产安全的监理责任，在执业过程中必须严格遵纪守法。建设主管部门应加强对监理工程师的资质管理，对于监理工程师在从业过程中的违规行为，建设主管部门有权追究其责任，并根据情节不同给予必要的行政处罚。一般包括：

1）隐瞒有关情况或者提供虚假材料申请注册的，建设主管部门不予受理或者不予注册，并给予警告，1年之内不得再次申请注册。

2）以欺骗、贿赂等不正当手段取得注册执业证书的，由国务院建设主管部门撤销其注册，3年内不得再次申请注册，并由县级以上地方人民政府建设主管部门处以罚款；其中没有违法所得的，处以1万元以下罚款；有违法所得的，处以违法所得3倍以下且不超过3万元的罚款；构成犯罪的，依法追究刑事责任。

3）违反规定，未经注册，擅自以注册监理工程师的名义从事工程监理及相关业务活动的，由县级以上地方人民政府建设主管部门给予警告，责令停止违法行为，处以3万元以下罚款；造成损失的，依法承担赔偿责任。

4）违反规定，未办理变更注册仍执业的，由县级以上地方人民政府建设主管部门给予警告，责令限期改正；逾期不改的，可处以5000元以下的罚款。

5）注册监理工程师在执业活动中有下列行为之一的，由县级以上地方人民政府建设主管部门给予警告，责令其改正，没有违法所得的，处以1万元以下罚款；有违法所得的，处以违法所得3倍以下且不超过3万元的罚款；造成损失的，依法承担赔偿责任；构成犯罪的，依法追究刑事责任：

①以个人名义承接业务的。
②涂改、倒卖、出租、出借或者以其他形式非法转让注册执业证书或者执业印章的。
③泄露执业中应当保守的秘密并造成严重后果的。
④超出规定执业范围或者聘用单位业务范围从事执业活动的。
⑤弄虚作假提供执业活动成果的。
⑥同时受聘于两个或者两个以上的单位，从事执业活动的。
⑦其他违反法律法规、规章的行为。

第二节 监理工程师职业资格考试及注册

职业资格是政府对某些社会通用性强、责任较大、关系公共利益的专业技术工作实行的市场准入控制，是专业技术人员依法独立开业或独立从事某种专业技术工作所必备的学识、技术和能力标准。

实行监理工程师职业资格考试制度有助于促进监理人员和其他愿意掌握建设工程监理基本知识的人员努力钻研监理业务，提高业务水平；有利于统一监理工程师的基本水准，保障全国各地方、各部门监理队伍的素质；有利于公正地确定监理人员是否具备监理工程师的资格；有助于建立工程监理人才库，把工程监理企业以外已经掌握监理知识的人员的监理资格确认下来，形成蕴含于社会的监理人才库；便于同国际接轨，开拓国际工程监理市场。

一、监理工程师职业资格考试

1. 报考监理工程师的条件

根据建设工程监理工作对监理人员素质和能力的要求，我国对参加监理工程师职业资格考试的报名条件从教育背景和工程建设实践经验两方面做出了限制。

凡是遵守中华人民共和国宪法、法律法规，具有良好的业务素质和道德品行，具备下列条件之一的，可申请参加监理工程师职业资格考试：

1）具有各工程大类专业大学专科学历（或高等职业教育），从事工程施工、监理、设计等业务工作满6年。

2）具有工学、管理科学与工程类专业大学本科学历或学位，从事工程施工、监理、设计等业务工作满4年。

3）具有工学、管理科学与工程一级学科硕士学位或专业学位，从事工程施工、监理、设计等业务工作满2年。

4）具有工学、管理科学与工程一级学科博士学位。

经批准同意开展试点的地区，申请参加考试的，应具有大学本科及以上学历或学位。

2. 考试内容

根据监理工程师的业务范围，监理工程师职业资格考试的内容主要是建设工程监理基本理论、工程质量控制、工程进度控制、工程投资控制、建设工程合同管理和建设工程监理的相关法律法规等方面的理论知识和实务技能。

考试科目有"建设工程监理基本理论和相关法规""建设工程合同管理""建设工程目标控制""建设工程监理案例分析"。其中"建设工程监理基本理论和相关法规""建设工程合同管理"为基础科目，"建设工程目标控制""建设工程监理案例分析"为专业科目，专业科目分为土木建筑工程、交通运输工程、水利工程三个专业类别。

3. 考试组织管理

为了体现公开、公平、公正的原则，考试实行全国统一大纲、统一命题、统一时间组织、闭卷考试、分科计分、统一标准的办法，一般每年组织一次考试，考试成绩按4年为一个周期滚动管理（即在连续4年内通过全部考试科目方可取得监理工程师职业资格证书）。对于已取得一种专业资格证书的人员报名参加其他专业科目考试的，可以免考基础科目，专业科目考试成绩按照2年一个周期滚动管理。

1）住建部、交通运输部、水利部、人力资源和社会保障部（以下简称"人社部"）共同负责全国监理工程师职业资格考试制度的政策制定、组织协调、资格考试和监督管理工作。

2）住建部、交通运输部、水利部分别负责组织拟定考试科目、编写考试大纲及培训教材、组织命题工作，统一规划和组织考前培训。

3）人社部负责审定考试科目、考试大纲及试题，组织实施各项考务工作；会同住建部、交通运输部、水利部对考试进行检查、监督、指导和确定考试合格标准。

二、监理工程师注册

监理工程师注册制度是政府对监理从业人员实行市场准入控制的有效手段。监理工程师经注册，即表明获得了政府对其以监理工程师名义从业的行政许可，具有相应的岗位责任和权力。住建部、交通运输部、水利部分别负责对应专业监理工程师的注册及相关工作。住建部《注册监理工程师注册管理工作规程》规定了土木建筑类监理工程师的注册要求。根据注册的内容不同分为三种形式，即初始注册、延续注册和变更注册。对于符合注销规定的，注册资格应予以注销。

1. 初始注册

取得中华人民共和国监理工程师职业资格证书的申请人，应自证书签发之日起3年内提出初始注册申请。逾期未申请者，须符合近3年继续教育要求后方可申请初始注册。申请初始注册需在住建部网站上提交下列材料：

1）本人填写的"中华人民共和国注册监理工程师初始注册申请表"。

2）由社会保险机构出具的近一个月在聘用单位的社保证明扫描件（退休人员需提供有效的退休证明）。

3）本人近期一寸彩色免冠证件照扫描件。

2. 延续注册

注册监理工程师注册有效期为3年，注册期满需继续执业的，应符合继续教育要求并在注册有效期届满30日前申请延续注册。在注册有效期届满30日前未提出延续注册申请的，在有效期满后，其注册执业证书和执业印章自动失效，需继续执业的，应重新申请初始注册。申请延续注册需在住建部网站上提交下列材料：

1）本人填写的"中华人民共和国注册监理工程师延续注册申请表"。

2）由社会保险机构出具的近一个月在聘用单位的社保证明扫描件（退休人员需提供有效的退休证明）。

3. 变更注册

注册监理工程师在注册有效期内，需要变更执业单位、注册专业等注册内容的，应申请变更注册。申请办理变更注册手续的，变更注册后仍延续原注册有效期。申请变更注册需在住建部网站上提交下列材料：

1）本人填写的"中华人民共和国注册监理工程师变更注册申请表"。

2）由社会保险机构出具的近一个月在聘用单位的社保证明扫描件（退休人员需提供有效的退休证明）。

3）在注册有效期内，变更执业单位的，申请人应提供工作调动证明扫描件（与原聘用单位终止或解除聘用劳动合同的证明文件，或由劳动仲裁机构出具的解除劳动关系的劳动仲裁文件）。

4）在注册有效期内，因所在聘用单位名称发生变更的，应在聘用单位名称变更后30日内按变更注册规定办理变更注册手续，并提供聘用单位新名称的营业执照、工商核准通知书扫描件。

4. 注销注册

按照《注册监理工程师管理规定》要求，注册监理工程师本人和聘用单位需要申请注销注册的，须填写并在住建部网站上提交"中华人民共和国注册监理工程师注销注册申请表"电子数据。由聘用单位将相应电子文档通过网上报送给省级注册管理机构。被依法注销注册的，当具备初始注册条件，并符合近3年的继续教育要求后，可重新申请初始注册。

5. 注册审批程序

1）申请人填写注册申请表并打印，签字后将申报材料和相应电子文档交聘用单位。

2）聘用单位在注册申请表上签署意见并加盖单位印章后，将申请人的申报材料电子版和相应电子文档通过网上报送给省级注册管理机构，同时将申请人纸质申请表和近期一寸彩色免冠证件照报送给省级注册管理机构。

3）省级注册管理机构在住建部网站上接收申请注册材料后，应当在5日内将全部申请材料通过网上报送住建部，同时将纸质申请表和照片报送住建部。

对申请注册的材料，省级注册管理机构应进入住建部网站，登录"注册监理工程师管理系统"，使用管理版进行接收，形成"申请注册监理工程师初始、延续、变更注册汇总表"后上报。

4）住建部收到省级注册管理机构上报的注册申报材料后，对申请初始注册的，住建部应当自受理申请之日起20日内审批完毕并做出书面决定。自做出决定之日起10日内公告审批结果。对申请变更注册、延续注册的，住建部应当自受理申请之日起10日内审批完毕并做出书面决定。

申请材料不齐全或者不符合法定形式的，应当在5日内一次性告知申请人需要补正的全部内容，待补正材料或补办手续后，按程序重新办理。逾期不告知的，自收到申请材料之日起即为受理。

对准予初始注册的人员，由住建部核发注册执业证书，并核定执业印章编号（注册号）。对准予变更注册、延续注册的人员，核发变更、延续贴条，并核定执业印章编号（注册号）。

5）各省级注册管理机构负责收回注销注册和破损补办未到注册有效期的注册监理工程师注册执业证书和执业印章，交住建部销毁。

第三节 注册监理工程师的继续教育

现代社会发展日新月异，新理论、新技术、新材料层出不穷，必须不断提高注册监理工程师的素质和执业水平，确保工程监理工作质量，维护建筑市场秩序。注册监理工程师需要通过继续教育不断更新业务知识，及时掌握与工程监理有关的法律法规、标准、规范和政策，熟悉工程监理与工程项目管理的新理论、新方法，了解工程建设新技术、新材料、新设备及新工艺，才能不断提高注册监理工程师的业务素质和执业水平，以适应开展工程监理业务和工程监理事业发展的需要。因此，注册监理工程师每年都要接受一定学时的继续教育。

一、继续教育的方式和内容

注册监理工程师的继续教育分为必修课和选修课，可以采取集中面授和网络教学两种基本方式进行。其课程主要内容有：

（1）必修课　包括国家近期颁布的与工程监理有关的政策、法律法规和标准规范；工程监理与工程项目管理的新理论、新方法；工程监理案例分析；注册监理工程师职业道德。

（2）选修课　包括地方及行业近期颁布的与工程监理有关的政策、法规和标准、规范；工程建设新技术、新材料、新设备及新工艺；专业工程监理案例分析；需要补充的其他与工程监理业务有关的知识。

二、继续教育的学时

注册监理工程师在每一注册有效期（3年）内的继续教育学时为96学时，其中必修课和选修课各为48学时。必修课每年可安排16学时。选修课按注册专业数量安排学时，只注册一个专业的，每年接受该注册专业选修课16学时的继续教育；注册两个专业的，每年接受相应两个注册专业选修课各8学时的继续教育。在一个注册有效期内，注册监理工程师根据工作需要可集中安排或分年度安排继续教育的学时。

注册监理工程师申请变更注册专业时，在提出申请之前，应接受申请变更注册专业24学时选修课的继续教育。注册监理工程师申请跨省、自治区、直辖市变更执业单位时，在提出申请之前，应接受新聘用单位所在地8学时选修课的继续教育。

经全国性行业协会监理委员会或分会和省、自治区、直辖市监理协会报中国建设监理协会同意，从事以下工作所取得的学时可充抵继续教育选修课的部分学时：注册监理工程师在公开发行的期刊上发表有关工程监理的学术论文（3000字以上），每篇限一人计4学时；从事注册监理工程师继续教育授课工作和考试命题工作，每年次每人计8学时。

本章小结

监理工程师是指经全国监理工程师职业资格考试取得监理工程师资格证书，并经建设主管部门注册，取得"中华人民共和国注册监理工程师注册执业证书"和执业印章，从事建设工程监理及相关服务等活动的专业技术人员。监理工程师应具有良好的思想素质、业务素质、身心素质，才能担负起建设工程监理工作的责任。监理工程师在执业过程中必须严格遵守职业道德、国家有关政策法规和规范、规程。我国有严格的监理工程师职业资格考试与注册制度，根据注册的内容不同分为初始注册、延续注册和变更注册。

注册监理工程师需要通过继续教育更新知识、扩大其知识面，不断提高业务素质和执业水平，以适应开展工程监理业务和工程监理事业发展的需要。

综合实训

第三章综合实训

素养小提升

南昌某建筑工程公司承建的某综合楼工程，正在浇筑的墙体发生坍塌，造成4死1伤。彭某某作为监理企业的现场监理人员，是直接责任人员，其行为已构成工程重大安全事故罪。彭某某被判处有期徒刑3年，缓刑3年，并处罚金1万元。

江苏省某小商品批发市场个体工商户张某擅自承接防水工程，并雇用无资质人员野蛮施工，而工程监理人员对他们严重的违章行为放任不管，最终导致工地突发大火，造成现场13人死亡。当地法院对此案进行了审理，查明工程监理人员陈某在施工中实际履行监理职能时，已发现张某所提供的施工资质证书复印件、安全生产许可证复印件过期失效，但未坚决阻止张某等人进场施工，对事故发生负有重要责任，构成重大责任事故罪，判处陈某有期徒刑3年，缓刑3年。

大连某工程建设监理有限公司承担监理的某舞蹈楼工程发生一起模板坍塌事故。经辽宁省安全生产监督管理局牵头组成事故调查组认定，项目总监理工程师对施工单位未按专项施工方案施工的行为没有采取停工措施，未督促企业整改，也未向建设单位和建设主管部门反映，并与施工单位共同弄虚作假，应付上级部门的安全检查，对事故的发生负有重要责任。依据《建设工程安全生产管理条例》第五十八条的规定，对该项目的总监理工程师给予吊销监理工程师执业资格证书，5年内不予注册的处罚。

诸多事例警醒我们，监理责任重如泰山，关乎生命财产安全，要始终树立责任意识，恪守职业道德，认真履行自己的职责。

第四章
建设工程监理组织

学习目标

了解建设工程监理组织、组织结构、组织设计原则和组织活动基本原理；熟悉工程项目监理机构的组织形式，建设工程项目的承（发）包模式与监理委托模式；掌握建设工程监理工作的实施程序、基本原则，监理组织的人员配备与职责，以及监理组织协调工作的内容、方法。

第一节 概 述

组织是建设管理中的一项重要职能。它是建立精干、高效的项目监理机构和实现其正常运行的保证，也是实现建设工程监理目标的前提条件。

组织理论的研究分为两个方面：组织结构学和组织行为学。它们是相互联系的两个分支学科。组织结构学重点进行组织的静态研究，即什么是组织，什么样的组织才具有精干、高效、合理的结构；组织行为学重点进行组织的动态研究，即怎样才能建立良好的组织关系，并使组织发挥最佳的效能。

一、组织的概念

组织，是指为了使系统达到它的特定目标，使全体参加者经分工与协作以及设置不同层次的权力和责任制度而构成的一种人的组合体。组织的概念有三层含义：

1）组织具有目的性。目标是组织存在的前提，即组织必须有目标。

2）组织具有协作性。没有分工与协作就不是组织，组织必须有适当的分工和协作，这是组织效能的保证。

3）组织具有制度性。没有不同层次的权力和责任制度就不能实现组织活动和组织目标，组织必须建立权力责任制度。

作为生产要素之一，组织有如下特点：其他要素可以相互替代，如增加机器设备可以替代劳动力，而组织不能替代其他要素，也不能被其他要素所替代。但是，组织可以使其他要素通过合理配合而增值，即可以提高其他要素的使用效益。随着现代社会大生产的发展，随着其他生产要素复杂程度的提高，组织在提高经济效益方面的作用也越来越显著。

二、组织结构

1. 组织结构的概念

组织内部的各构成部分及其相互间所确立的较为稳定的相互关系和联系方式,即组织中各部门或各层次之间所建立的相互关系,称为组织结构。以下几方面反映了其基本内涵:

1) 确定正式关系与职责的形式。
2) 向组织各部门或个人分派任务和各种活动的方式。
3) 协调各个分离活动和任务的方式。
4) 组织中的权力、地位和等级关系。

2. 组织结构与职权和职责的关系

(1) 组织结构与职权的关系 组织结构与职权之间存在着一种直接的相互关系。因为组织结构与职位以及职位之间关系的确立密切相关,因而组织结构为职权关系提供了一定的格局。组织中的职权指的是组织中成员之间的关系,而不是某一个人的属性。职权的概念与合法地行使某一职权是紧密相关的,而且是以下级服从上级的命令为基础的。

(2) 组织结构与职责的关系 组织结构与组织中各部门及各成员的职责和责任的分派直接有关。有了职位也就有了职权,从而也就有了职责。组织结构为职责的分配和确定奠定了基础,依据组织结构可以确定机构和人员职责的分派,从而可以有效开展各项管理活动。

3. 组织结构表示方法

目前,组织结构图是描述组织结构较为直观有效的方法,它是通过绘制能表明组织的正式职权和联系网络的图来表示组织结构的,是组织结构简化了的抽象模型。尽管它还不能准确地、完整地表达组织结构,例如它不能确切说明一个上级对下级所具有的职权的程度,以及同一级别的不同职位之间相互作用的横向关系,但它仍不失为一种常用而又有效地表示组织结构的好方法。

三、组织设计

1. 组织设计的概念

组织设计是指对组织活动及组织结构的设计过程,有效的组织设计对于提高组织活动的效能具有重大的作用。进行组织设计要注意以下几点:

1) 组织设计是管理者在系统中建立一种高效的、相互关系的、合理化的、有意识的过程,该过程既要考虑系统的内部因素,又要考虑系统的外部因素。
2) 形成组织结构是组织设计的最终结果。

2. 组织构成因素

组织构成主要有管理层次、管理跨度、管理部门、管理职能四大因素。各因素是密切相关、相互制约的。在组织结构确定过程中，必须综合考虑各因素及相互之间的平衡与衔接。

(1) 管理层次　管理层次是指从最高管理者到基层实际工作人员的分级管理的层次数量。通常管理层次分为决策层、协调层、执行层和操作层。决策层的任务是确定管理组织的根本目标和主要方针以及实施计划，其人员必须精干、高效；协调层的任务主要是参谋、咨询，其人员应有较高的业务工作能力；执行层的任务是直接调动和组织人力、财力、物力等具体活动内容，其人员应有实干精神并能坚决贯彻管理指令；操作层的任务是从事操作和完成具体任务，其人员应有熟练的作业技能。

这些管理层次的职能和要求不同，标志着职责和权限不同，同时也可反映出组织机构中的人数变化规律。管理层次类似于金字塔，从组织的最高管理者到最基层的实际工作人员权责逐层递减，而人数却逐层递增。

组织必须形成必要的管理层次，但管理层次也不宜过多，否则会造成资源和人力的浪费，也会使信息传递慢、指令走样、协调困难。

(2) 管理跨度　管理跨度是指一名上级管理人员所直接管理的下级人数。在组织中，某级管理人员的管理跨度的大小取决于该级管理人员所需要协调的工作量。管理跨度越大，领导者需要协调的工作量也就越大，管理的难度也就相应越大。因此，为了使组织能够高效地运行，必须确定合理的管理跨度。

管理跨度的大小受诸多因素的影响，它与管理人员的性格、才能、个人精力、授权程度以及被管理者的素质有关。另外，它还与职能的难易程度、工作的相似程度、工作制度和程序等客观因素有关。管理跨度过大或过小都不利于工作的开展，过大会造成领导管理的顾此失彼，过小则不利于充分发挥管理能力。确定适当的管理跨度，需积累经验并在实践中进行必要的调整。

(3) 管理部门　管理部门是指组织机构内部专门从事某个方面业务工作的单位。管理部门的划分要根据组织目标与工作内容确定，形成既有相互分工又有相互配合的组织机构。组织中各部门的合理划分对发挥组织效应是十分重要的。如果部门划分不合理，会造成控制、协调困难，也会造成人浮于事，浪费人力、物力、财力。因此，在管理部门划分时，一要适应需要，有明确的业务范围和工作量；二要功能专一，利于实行专业化的管理；三要权责分明，便于协作。

(4) 管理职能　组织设计中要确定各管理部门的职能，使各管理部门有职有责、分工明确。在具体工作中应使纵向便于领导、检查、指挥，达到指令传递快，信息反馈及时、准确的要求；应使横向各部门之间便于联系、协调一致，相关人员尽职尽责。

3. 组织设计原则

项目监理机构的组织设计一般应遵循以下几项基本原则：

(1) 集权与分权统一的原则　集权是指总监理工程师掌握所有监理大权，各专业监理工程师只是其命令的执行者；分权是指在总监理工程师的授权下，各专业监理工程师在各自管理的范围内有足够的决策权，总监理工程师主要起协调作用。

项目是采取集权形式还是分权形式，应根据建设工程的特点，监理工作的重要性，总监理工程师的能力、精力，以及下属监理工程师的工作经验、工作能力和工作态度等综合考虑确定。

(2) 分工协作的原则　对于项目监理机构而言，分工是指将监理目标，特别是投资控制、进度控制、质量控制三大目标分成各部门以及各监理工作人员的目标、任务，明确干什么、怎么干。协作是指明确组织机构内部各部门之间和各部门内部的协调关系与配合方法。

在分工中应注意：尽可能按照专业化的要求设置组织机构；工作分工上要严密，每个人要熟悉所承担的任务以提高工作效率。

在协作中应注意：注重主动协作，要明确各部门之间的工作关系，找出容易出矛盾的地方加以协调；要有具体可行的协作配合办法，对协作中的各项关系应逐步规范化、程序化。

(3) 管理跨度与管理层次统一的原则　在组织机构的设计过程中，管理跨度与管理层次成反比例关系。这就是说，当组织机构中的人数一定时，如果管理跨度加大，管理层次就可以适当减少；反之，如果管理跨度缩小，管理层次肯定就会增多。一般来说，项目监理机构的设计过程中，应该在通盘考虑影响管理跨度的各种因素后，在实际运用中根据具体情况确定管理层次。

(4) 责权一致的原则　责权一致是指在项目监理机构中明确划分职责与权力范围，做到责任和权力相一致。什么样的岗位和职务就应赋予什么样的权力，不同的岗位行使不同的职权、承担不同的责任，只有这样才能使组织系统得以正常运行。权责不一致对组织的效能损害是极大的。权大于责就容易产生瞎指挥、滥用权力的官僚主义；责大于权就影响管理人员的积极性、主动性和创造性，使组织缺乏应有的活力。

(5) 才职相称的原则　要完成某个岗位上的某项工作必须有相应的知识和技能。组织管理者可通过适当的考察方式（如面谈、测验等）全面了解每个人的知识、经验、才能、兴趣等，并根据工作岗位的需要进行评审、比较和选择。采用科学的方法进行职务的设置和人员的评审，使每个人现有的和可能有的才能与其职务上的要求相适应，做到人尽其才、才有所用。

(6) 经济效率原则　项目监理机构设计必须将经济性和高效率放在重要地位。组织结构中的每个部门、每个人为了一个统一的目标，应组合成最适宜的结构形式，实行最有效的内部协调，使事情办得简洁而正确，减少重复和扯皮。

(7) 动态弹性的原则　组织机构既要有相对的稳定性，不能轻易变动，又要随组织内部和外部条件的变化，根据长远目标做出相应的调整与变化，使组织机构具有较强的适应性。

四、组织活动的基本原理

组织机构的目标必须通过组织机构活动来实现。为保证组织活动所产生的效果，一一般应遵循以下基本原理：

1. 要素有用性原理

任何组织机构中的人力、财力、物力、信息、时间等基本要素都是有作用的。运用要素有用性原理，就是要看到要素在组织活动中的有用性，充分发挥各要素的作用，尽最大可能提高各要素的有用率。

一切要素都有作用，这是要素的共性，然而要素不仅有共性，而且还有个性。例如，同样是监理工程师，由于专业、知识、能力、经验等水平的差异，所起的作用也就不同。因此，管理者在组织活动过程中不但要看到一切要素都有作用，还要具体分析各要素的特殊性，根据各要素作用的大小、主次、好坏进行合理安排、组合和使用，做到人尽其才、财尽其利、物尽其用，以便充分发挥每一要素的作用。

2. 动态相关性原理

组织机构处在静止状态是相对的，处在运动状态则是绝对的。组织机构内部各要素之间既相互联系又相互制约，既相互依存又相互排斥，这种相互作用推动组织活动的进步和发展。充分发挥这种相互作用，是提高组织管理效应的有效途径。事物在组合过程中可以发生质变，整体效应不等于其局部效应的简单相加，各局部效应之和与整体效应不一定相等，这便是动态相关性原理。组织管理者的重要任务就是要更好地发挥组织的整体效应，使组织机构活动的整体效应大于其局部效应之和。

3. 主观能动性原理

人能够认识世界并在劳动中改造世界，同时也改造自身。这说明人具有主观能动的特点，因而构成了生产力中最活跃的因素，若能有效地发挥这种能动作用就会取得良好的效果。因此，把组织当中每个人的主观能动性积极地发挥出来是组织管理者的一项重要任务。

4. 规律效应性原理

客观事物的内部的、本质的、必然的联系就是规律。组织管理者在管理过程中要掌握规律，按规律办事，把注意力放在抓事物内部的、本质的、必然的联系上，以达到预期的目标。规律与效应的关系非常密切，管理者只有努力揭示规律，主动研究规律，坚决按规律办事，才能取得较好的效应。

第二节 建设工程组织管理模式与监理委托模式

不同的建设工程组织管理模式有不同的合同体系和管理特点，建设工程监理委托模式的选择与建设工程组织管理模式密切相关。

一、平行承（发）包模式及其监理委托模式

1. 平行承（发）包模式的概念

平行承（发）包是指建设单位将建设工程的设计、施工以及材料设备采购的任务进行分解，分别承包给若干个设计单位、施工单位和材料设备供应单位，并分别与各方签订合同。各设计单位之间、各施工单位之间、各材料设备供应单位之间的关系均是平行的，如图4-1所示。

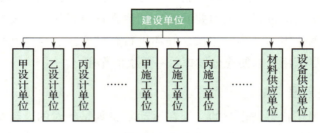

图4-1 平行承（发）包模式

采用这种方式的关键是要合理地分解工程项目的建设任务，然后进行分类综合，确定每个合同的发包内容，以便于择优选择承建单位。在进行任务分解与确定合同数量、内容时应考虑以下因素：

（1）工程情况　建设工程的性质、规模、结构等是决定合同数量和内容的重要因素。建设规模大、范围广、专业多的建设工程往往比规模小、范围窄、专业单一的建设工程的合同数量要多。建设工程实施时间的长短、计划的安排也对合同的数量有一定影响。譬如，对分期建设的两个单项工程，就可以考虑分成两个合同分别进行发包。

（2）市场情况　首先，由于各类承建单位的专业性质、规模大小在不同市场的分布状况不同，因此建设工程的分解发包应力求与其市场结构相适应。其次，合同任务和内容要对市场有吸引力。中小型合同对中小型承建单位有吸引力，又不妨碍大型承建单位参与竞争。此外，还应按市场惯例、市场范围和有关规定来决定合同的内容和大小。

（3）贷款协议要求　对两个以上贷款人的情况，不同贷款人可能对贷款使用范围、承包人资格等有不同要求，因此需要在确定合同结构时予以考虑。

2. 平行承（发）包模式的优缺点

（1）有利于缩短工期　由于设计和施工任务经过分解分别发包，设计与施工阶段有可能形成一定的搭接关系，从而缩短整个建设工程的工期。

（2）有利于工程质量控制　整个工程经过分解分别发包给各承建单位，合同约束与相互制约使每一部分能够较好地实现质量要求。如主体与设备安装分别由两个施工单位承包，当主体工程不合格时，设备安装单位不会同意在不合格的主体上进行设备的安装，这相当于有了他人控制，具有更强的约束力。

（3）有利于建设单位选择承建单位　在大多数国家的建筑市场中，专业性强、规模小的承建单位一般占有较大的比例。这种承（发）包模式的合同内容比较单一、合同价

值与工程风险均比较小,使它们有可能参与竞争。这样不论大型承建单位还是中小型承建单位,都有同等的竞争机会。建设单位可选择范围较大,为提高择优性创造了条件。

(4) 合同多、管理较为困难　合同关系复杂,使建设工程系统内的结合部位数量增多,组织协调工作量很大。因此,重点应加强合同管理的力度及部门之间的横向协调工作,使工程建设有条不紊地进行。

(5) 投资控制难度大　这主要表现在:一是总合同价难于确定,影响项目投资控制实施;二是工程招标任务量大,需控制多项合同价格,增加了投资控制的工作量及难度;三是在施工过程中设计变更和修改较多,导致投资增加。

3. 相应的监理委托模式

与平行承(发)包模式相适应的监理委托模式主要有以下几种:

(1) 委托一家工程监理企业监理　这种监理委托模式是指建设单位委托一家工程监理企业为其提供监理服务,如图4-2所示。这种监理模式要求工程监理企业具有较强的合同管理和组织协调能力,并能做好全面规划工作。工程监理企业的项目监理组织可以组建多个监理分支机构对各承建单位分别实施监理。在实施监理过程中,项目总监理工程师应做好总体协调工作,加强横向联系,保证建设监理工作一体化的进行。

(2) 委托多家工程监理企业监理　这种监理委托模式是指建设单位委托多家工程监理企业针对不同的承包单位实施监理,如图4-3所示。由于建设单位分别与几家工程监理企业签订监理合同,所以必须由建设单位做好各工程监理企业之间的协调工作。采用这种方式,工程监理企业的监理对象单一,便于管理。但工程项目监理工作被肢解,不利于监理工作的总体规划与协调控制的实现。

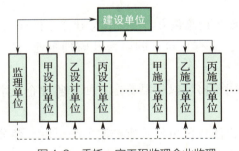

图4-2　委托一家工程监理企业监理

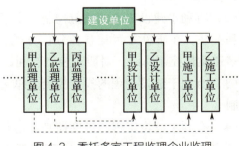

图4-3　委托多家工程监理企业监理

(3) 总监理单位下的多家监理　为减轻建设单位的管理压力,弥补上述监理委托模式的不足,对于大中型项目,建设单位可以先委托一家总监理单位负责建立项目的总体规划,并与之共同选择几家监理单位分别承担不同的监理任务,由总监理单位负责总体协调、控制、管理其他监理单位的相关工作,如图4-4所示。

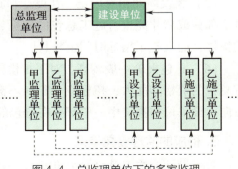

图4-4　总监理单位下的多家监理

二、设计或施工总（分）包模式及其监理委托模式

1. 设计或施工总（分）包模式的概念

设计或施工总（分）包是指建设单位将所有的设计或施工任务发包给一家设计单位或一家施工单位作为总承包单位，总承包单位可以将其部分任务再分包给其他承包单位，形成一个设计或施工主合同及若干个分包合同的结构模式，如图4-5所示。

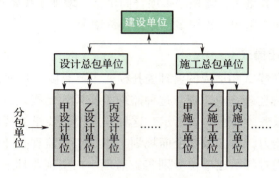

图4-5 设计或施工总（分）包模式

2. 设计或施工总（分）包模式的优缺点

（1）有利于建设工程的组织管理　由于建设单位只与设计总包单位或施工总包单位签订设计或施工承包合同，合同数量比平行承（发）包模式要少得多，有利于建设单位的合同管理，也使建设单位的协调工作量相应减少，能充分发挥监理工程师与总包单位多层次协调的积极性。

（2）有利于建设工程的质量控制　由于建设工程总包方与各分包方建立了内部的责、权、利关系，在质量方面既有各分包方的自控，又有总包方的监督及监理企业的检查，形成多道质量控制防线，对质量控制有利。

（3）有利于建设工程的投资控制　总包合同价格可以较早确定，便于监理企业掌握和控制。

（4）有利于建设工程的进度控制　这种形式使总包单位具有控制的积极性，各分包单位之间也有相互制约的作用，对于监理工程师总体进度的协调及控制有利。

（5）建设周期相对较长　在设计和施工阶段均采用总（分）包模式时，由于设计图纸全部完成后才能进行施工总包的招标，所以不能将设计阶段与施工阶段进行最大限度的搭接，而且施工招标时间也较长。

（6）总包报价一般较高　对于规模较大的建设工程来说，通常只有大型承建单位才有总包的资格和能力，招标竞争相对不激烈；另外，对于分包出去的工程内容，总包单位向建设单位的报价中一般都要在分包的价格基础上加收管理费用。

3. 相应的监理委托模式

对于设计或施工总（分）包模式，建设单位可以按设计阶段和施工阶段分别委托不

同的监理企业进行监理,如图 4-6 所示;也可以委托一家监理企业进行全过程监理,如图 4-7 所示。后者的优点是监理单位可以对设计阶段和施工阶段的工程投资、进度、质量控制统筹考虑,合理进行总体规划协调,更可使监理工程师掌握设计思路与设计意图,有利于施工阶段的监理工作。

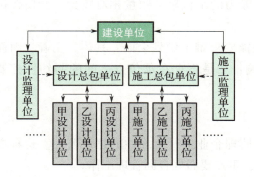

图 4-6 设计或施工总(分)包按阶段委托不同监理企业管理

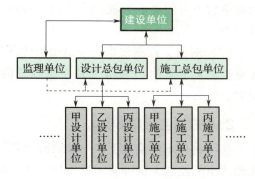

图 4-7 设计或施工总(分)包委托一家监理企业监理

虽然总承包单位承担承包合同中乙方的最终责任,但分包单位的资质、能力直接影响着工程质量、进度等目标的实现,所以在这种模式条件下,监理工程师必须做好对分包单位资质的审查、确认工作。

三、项目总承包模式及其监理委托模式

1. 项目总承包模式的概念

项目总承包是指建设单位把工程设计、施工、材料设备采购等一系列工作全部发包给一家承包公司,由其负责设计、施工和采购等全部工作,最后向建设单位交付一个能达到竣工条件的工程,如图 4-8 所示。这种承(发)包模式的工程也称"交钥匙工程"。

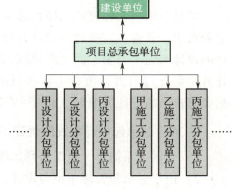

图 4-8 项目总承包模式

2. 项目总承包模式的优缺点

(1) 合同关系简单 建设单位与承包方之间只有一个合同,使合同管理范围整齐、单一。

(2) 协调工作量较小 监理工程师主要与总承包单位进行协调,有相当一部分协调工作量转移到项目总承包单位内部及其与分包单位之间,这就使得监理的协调工作量大为减少。

(3) 有利于进度控制 由于设计与施工由一个单位统筹安排,可使这两个阶段能够有机地结合,容易做到设计阶段与施工阶段在进度上的相互搭接,缩短建设周期。

(4) 有利于投资控制 在设计、施工统筹考虑的基础上,从价值工程的角度来讲可

提高项目的经济性。但这并不意味着项目总承包的价格会较低。

（5）合同管理难度大　合同条款确定难于具体化，容易造成较多的合同纠纷，使合同管理的难度加大。

（6）建设单位择优范围小　由于承包范围大，介入项目时间早，工程信息未知数多，因此承包方可能要承担较大的风险，因而有此能力的承包单位数量相对较少，会使择优性较差。

（7）对质量控制较难　一是质量标准与功能要求难于做到全面、具体、明确，因而质量控制标准的制约性将受到一定程度的影响；二是不存在承包方之间的制约性控制机制。

3. 相应的监理委托模式

在项目总承包模式下，一般适宜委托独家监理企业进行全面性的建设监理。这种委托模式下的监理工程师要求具备较全面的知识，重点要做好合同管理工作。

四、项目总承包管理模式及其监理委托模式

1. 项目总承包管理模式的概念

项目总承包管理模式是指建设单位将工程建设任务发包给专门从事工程建设组织管理的单位，再由其分包给若干个设计、施工和材料设备供应单位，并对分包的各个单位实施项目建设的管理，如图4-9所示。

项目总承包管理模式与项目总承包模式不同之处在于：前者不直接进行设计与施工，没有自己的设计和施工力量，而是将承接的设计与施工任务全部分包出去并负责工程项目的建设管理；

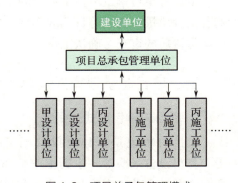

图4-9　项目总承包管理模式

后者有自己的设计、施工力量，可直接进行设计、施工、材料和设备采购等工作。

2. 项目总承包管理模式的优缺点

1）合同关系简单，组织协调比较方便，进度和投资控制也较为有利。

2）由于总承包管理单位与设计、施工单位是总分包关系，后者才是项目实施的基本力量，所以监理工程师对分包的确认工作必须做到实处。

3）项目总承包管理单位自身经济实力一般比较弱，而承担的风险相对较大，因此工程项目采用这种承（发）包模式前应持慎重态度加以分析论证。

3. 相应的监理委托模式

在项目总承包管理模式下，建设单位应委托一家监理企业实施监理，这样有利于监理工程师对总承包合同和总包单位的分包等活动进行管理。

第三节 建设工程监理实施的程序和原则

一、建设工程监理实施的程序

建设工程委托监理合同一经签订，工程监理企业便可按以下程序组织并进行建设工程监理活动：

1. 确定项目总监理工程师、组建项目监理机构

工程监理企业应依据工程项目的规模、性质，建设单位对监理工作的要求，委派称职的人员担任项目的总监理工程师，代表监理企业全面负责该项目的监理工作。总监理工程师对内要向监理企业负责，对外要向工程项目的建设单位负责。

一般情况下，工程监理企业在承揽项目监理任务时，在参与项目监理的投标、拟定监理方案以及与建设单位商讨和签订委托监理合同期间，应根据工程实际情况的需要选派合适的主持人员，该主持人员较适合作为项目总监理工程师。这样，项目的总监理工程师在承揽任务阶段就已介入，比较了解建设单位的建设意图和对监理工作的要求，这样就能与后续工作更好地衔接，便于后续工作的开展。

项目监理机构的人员构成是监理投标书的重要组成部分，是建设单位在评标过程中认可的。总监理工程师在组建项目监理机构时，应根据监理大纲内容和签订的委托监理合同内容组建项目监理机构，并在监理活动过程中进行及时的调整。

2. 编制建设工程监理规划

建设工程监理规划是开展建设工程监理活动的纲领性指导文件，有关内容将在第六章介绍。

3. 制定各专业的监理实施细则

在监理规划的指导下，为了使投资控制、质量控制、进度控制顺利有效地进行，还需结合建设工程实际情况，制定相应的监理实施细则，有关内容详见第六章。

4. 规范化地开展监理工作

监理工作的规范化主要体现在以下几个方面：

（1）工作的时序性　监理的各项工作都应按一定的逻辑顺序先后展开，从而使监理工作能有效地达到目标，不会造成工作的无序和混乱。

（2）职责分工的严密性　建设工程监理工作是由不同的专业、不同层次的专家群体共同来完成的，他们之间严密的职责分工是协调进行监理工作的前提和实现监理控制目标的重要保证。

（3）工作目标的确定性　在职责分工的基础上，每一项监理工作的具体目标都应是确定的，完成的时间也应有时限规定，从而能通过报表资料对监理工作及其效果进行检查、督促与考核。

5. 参与竣工验收，签署监理意见

建设工程施工完成以后，工程监理企业应在正式验交前组织竣工预验收。在预验收中发现问题时，应及时与施工单位沟通，提出整改要求。工程监理企业应参加建设单位组织的工程竣工验收，并签署意见。

6. 向建设单位提交建设工程监理档案资料

建设工程监理业务完成后，工程监理企业应整理归档监理档案资料。向建设单位提交的监理档案资料主要包括：

1）设计变更、工程变更资料。
2）监理指令文件。
3）各种签证资料。
4）隐蔽工程验收资料和质量评定资料。
5）设备采购与设备建造监理资料。
6）监理工作总结。
7）其他预约提交的档案资料。

7. 监理工作总结

监理工作完成后，项目监理机构应及时向建设单位和工程监理企业提交监理工作总结。这两份总结在内容侧重上有所不同：向建设单位提交的监理工作总结，其内容主要侧重于监理委托合同的履行情况，监理任务或监理目标的完成情况，监理组织机构、监理人员和投入的监理设施，工程实施过程中存在的问题和处理情况，必要的工程图片，表明监理工作终结的说明等；向监理企业提交的监理工作总结，其内容主要侧重于阐述监理工作的经验、存在的问题及改进的建议。

二、建设工程监理实施的原则

工程监理企业受建设单位的委托对建设工程实施监理时，一般应遵守以下基本原则：

1. 公正、独立、自主的原则

监理工程师在建设工程监理活动中必须尊重科学、尊重事实，组织各方协同配合，维护有关各方的合法权益。为此，必须坚持公正、独立、自主的原则。建设单位与承建单位虽然都是独立运行的经济主体，但它们追求的经济目标有差异，监理工程师应在按合同约定的权、责、利关系的基础上协调双方的一致性。只有按合同的约定建成工程，建设单位才能实现投资的目的，承建单位才能实现自己生产的产品价值，取得工程款和实现盈利。

2. 责任与权力相一致的原则

监理工程师承担的职责应与建设单位授予的权限相一致，监理工程师的监理职权依

赖于业主的授权。这种权力的授予，除了体现在建设单位与工程监理企业之间签订的委托监理合同之中，还应作为建设单位与承建单位之间建设工程合同的合同条件。因此，监理工程师在明确建设单位提出的监理目标要求和监理工作内容要求后，应与建设单位协商，明确相应的授权，达成共识后明确反映在委托监理合同中及建设工程合同中，据此，监理工程师才能开展监理活动。

总监理工程师代表工程监理企业全面履行建设工程委托监理合同，承担合同中确定的监理方向建设单位方所承担的义务和责任。因此，在委托监理合同实施过程中，工程监理企业应给总监理工程师充分授权，体现责任与权力相一致的原则。

3. 总监理工程师负责制的原则

总监理工程师是工程监理全部工作的负责人，其负责制的内涵包括：

（1）总监理工程师是项目监理的责任主体　责任是总监理工程师负责制的核心，它构成了对监理工程师的工作压力和动力，也是确定总监理工程师权力和利益的依据，所以总监理工程师应是向建设单位和监理企业所负责的承担者。

（2）总监理工程师是项目监理的权力主体　根据总监理工程师承担责任的要求，总监理工程师全面领导工程项目的建设监理工作，包括组建项目监理机构，主持编制监理规划，组织实施监理活动，对监理工作进行监督、评价、总结。

（3）总监理工程师是项目监理的利益主体　利益主体的概念主要体现在总监理工程师对国家的利益负责，对建设单位投资项目的效益负责，同时也对所监理项目的监理效益负责，并负责项目监理机构内所有监理人员的利益分配。

要建立和健全总监理工程师负责制，必须健全项目监理组织，完善监理的运行制度，运用现代化的管理手段，形成以总监理工程师为首的高效能的决策指挥体系。

4. 严格监理、热情服务的原则

严格监理，是指各级监理人员严格按照国家政策、法规、规范、标准和合同把关，依照既定的程序和制度认真履行职责，对承建单位进行严格监理。

监理工程师还应为建设单位提供热情的服务，运用合理的技能，谨慎且勤奋地工作。由于建设单位一般不熟悉建设工程管理与技术业务，监理工程师应按照委托监理合同的要求多方位、多层次地为建设单位提供良好的服务，维护建设单位的正当权益。但是，不能因此而一味地向各承建单位转嫁风险，从而损害承建单位的正当经济利益。

5. 综合效益的原则

工程项目的经济效益是建设的出发点和归宿点，监理活动不仅应考虑建设单位的经济效益，也必须考虑社会效益和环境效益的有机统一。不能为谋求自身的经济利益而不惜损害国家、社会的整体利益。监理工程师既应对建设单位负责，谋求最大的经济效益，又要对国家和社会负责，取得最佳的综合效益。只有在符合宏观经济效益、社会效益和环境效益的条件下，建设单位投资项目的经济效益才能得以实现。

第四节 项目监理机构

项目监理机构是指工程监理企业派驻工程负责履行建设工程监理合同的组织机构。项目监理机构应在工程监理企业接受建设单位委托后、实施建设工程监理工作之前建立。

项目监理机构的组织形式和规模，应根据委托监理合同规定的服务内容、服务期限、工程类别、工程规模、工程技术复杂程度、工程环境等因素确定。

项目监理机构组建应遵循适应、精简、高效的原则，要有利于建设工程监理目标控制和合同管理，要有利于建设工程监理职责的划分和监理人员的分工协作，要有利于建设工程监理的科学决策和信息沟通。

一、建立项目监理机构的步骤

1. 确定监理工作目标

根据建设工程监理合同的约定确定监理工作目标，并对监理工作目标进行分解，制定相应的监理措施。这是项目监理机构建立的前提。

项目监理机构

2. 确定监理工作内容

根据监理工作目标和建设工程监理合同中约定的监理任务，明确列出监理工作内容，并进行适当的分类归并及组合。监理工作的归并及组合应便于监理目标控制，并综合考虑工程的建设规模、结构特点、工程性质、工期要求、技术复杂程度以及监理人员的技术业务水平、管理水平等因素。

如果实施工程建设全过程监理，监理工作内容可按设计阶段和施工阶段分别组合和归并，如图4-10所示。

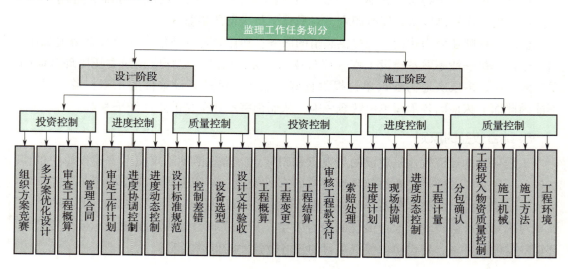

图4-10 实施工程建设全过程监理的监理工作内容

3. 项目监理机构的组织结构设计

(1) 选择组织结构形式　根据建设工程的规模和性质，以及建设阶段的不同，可以选择不同的组织结构形式以适应建设工程监理的需要。项目监理机构组织结构形式的选择应有利于项目合同管理、有利于监理目标控制、有利于决策指挥、有利于信息沟通。

(2) 确定管理层次和管理跨度　项目监理机构一般应有三个层次：一是决策层，由总监理工程师及其助手组成，主要根据建设工程委托监理合同的要求和监理活动内容进行科学化、程序化决策与管理；二是中间控制层（协调层和执行层），由各专业监理工程师组成，具体负责监理规划的落实、监理目标控制及合同实施的管理；三是作业层（操作层），主要由监理员、检查员等组成，具体负责监理活动的操作实施。

项目监理机构中管理跨度的确定应考虑监理人员的素质、管理活动的复杂性和相似性、监理业务的标准化程度、各项规章制度的建立健全情况、建设工程的集中或分散情况等，并按监理工作的实际需要确定。

(3) 划分项目监理机构的部门　项目监理机构要合理划分各职能部门，应依据监理机构的工作目标、监理机构可利用的人力和物力资源以及合同结构情况，将投资控制、进度控制、质量控制、合同管理、组织协调等监理工作内容按不同的职能活动或按子项分解，形成相应的职能管理部门或子项目管理部门。

(4) 确定岗位职责和考核标准　确定岗位职务及职责时要有明确的目的性，不可因人设岗，因人设事。应根据责任与权力相一致的原则进行适当的授权，以承担相应的职责。应确定考核标准对监理人员的工作进行定期考核，包括职责内容、考核标准和完成时间三个大项，详见表 4-1 和表 4-2。

表 4-1　专业监理工程师岗位职责考核标准

项目	职责内容	考核要求	
		考核标准	完成时间
工作指标	项目投资控制	符合投资控制分解目标	每月（或周）末
	项目进度控制	符合合同工期及进度控制分解目标	每月（或周）末
	项目质量控制	符合质量控制分解目标	工程各阶段结束时
基本职责	熟悉建设工程情况，制定本专业的监理计划和实施细则	反映专业特点、具有可操作性	监理工作实施前 1 个月
	具体负责本专业的监理工作	监理工作有序进行，工程处于受控状态	每月（或周）末
	做好监理机构内部各部门之间的监理任务衔接、协调工作	监理工作各负其责，互相配合	每月（或周）末

（续）

项目	职责内容	考核要求	
		考核标准	完成时间
基本职责	处理与本专业有关的重大问题并及时向总监理工程师报告	工程处于受控状态，及时、真实	每月（或周）末
	负责与本专业有关的签证、通知、备忘录等工作并及时向总监理工程师提交报表、报告等资料	及时、准确、真实	每月（或周）末
	管理本专业有关的建设监理资料	及时、完整、准确	每月（或周）末

表4-2 项目总监理工程师岗位职责考核标准

项目	职责内容	考核要求	
		考核标准	完成时间
工作指标	项目投资控制	符合投资控制计划目标	每月（季）末
	项目进度控制	符合合同工期及总控制性进度计划目标	每月（季）末
	项目质量控制	符合质量控制计划目标	工程各阶段结束时
基本职责	根据监理合同，监督管理有效的项目监理机构	监理机构的组成科学合理，监理机构能有效地运行	每月（季）末
	主持编写与组织实施监理规划，审批监理实施细则	对项目监理工作进行系统的策划；监理实施细则符合监理规划要求，具有可操作性	监理规划编写、审核完成后
	审查分包单位资质	符合合同要求	一周内
	监督并指导专业监理工程师对投资、进度、质量进行监控；审核、签发有关资料文件；处理相关事项	监理工作进入正常工作状态；工程处于受控状态	每月（季）末
	做好建设过程中有关各方的协调工作	工程处于受控状态	每月（季）末
	主持整理建设工程监理资料工作	及时、完整、准确	按合同约定

（5）安排监理人员　根据监理工作任务确定监理人员，包括专业监理工程师和监理员，必要时可配备总监理工程师代表。监理人员的安排除应考虑个人素质外，还应考虑人员总体构成的合理性与协调性。

项目总监理工程师应由注册监理工程师担任，并由监理单位法定代表人书面任命；总监理工程师代表既可由具有工程类注册职业资格的人员担任，也可由具有中级及以上专业技术职称、3年及以上工程监理实践经验的监理人员担任，并由总监理工程师授权，行使总监理工程师的部分职责和权力；专业监理工程师是按专业或岗位设置的专业监理人员，既可由具有工程类注册职业资格的人员担任，也可由具有中级及以上专业技术职称、2 年及以上工程监理实践经验的监理人员担任，涉及特殊行业的还应符合国家对有关专业人员资格的规定。项目监理机构的监理人员应专业配套，数量应满足建设工程监理工作的需要。

4. 制定工作流程

为使监理工作科学、有序进行，应按监理工作的客观规律制定工作流程，规范化地开展监理工作，图 4-11 为施工阶段的监理工作流程。

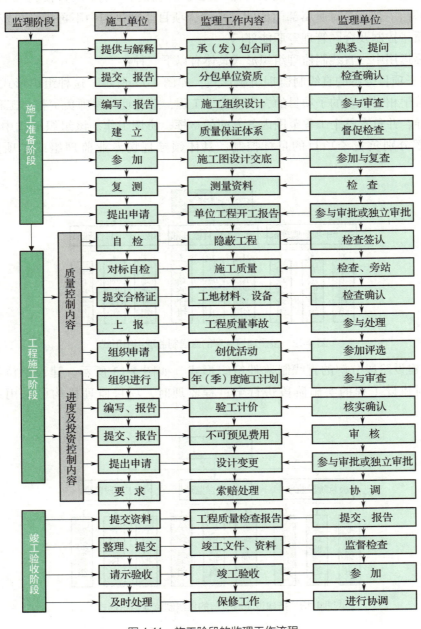

图 4-11　施工阶段的监理工作流程

二、项目监理机构的组织形式

项目监理机构的组织形式是指项目监理机构具体采用的管理组织结构。项目监理机构的组织形式可根据建设工程监理合同约定的服务内容、服务期限，以及工程的特点、规模、技术复杂程度、环境等因素确定。常见项目监理机构的组织形式如下：

1. 直线制监理组织形式

直线制监理组织形式的特点是项目监理机构中的任何一个下级只接受唯一上级的命令。各级部门主管人员对所属部门的问题负责，项目监理机构中不再另设投资控制、进度控制、质量控制及合同管理等职能部门。

在实际运用中，直线制监理组织形式具体有以下三种：

1）按子项目分解的直线制监理组织形式，如图4-12所示。这种组织形式适用于可以划分为若干相对独立的子项目的大中型建设工程，总监理工程师负责整个工程的规划、组织和指导，并负责整个工程范围内各方面的指挥、协调工作。该组织形式中，各个子项目监理部分别负责子项目的目标控制，具体领导现场专业监理组或专项监理组的工作。

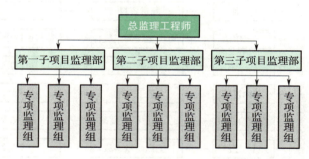

图4-12 按子项目分解的直线制监理组织形式

2）按建设阶段分解的直线制监理组织形式，如图4-13所示。建设单位委托工程监理企业对建设工程的实施阶段进行全过程监理时，项目监理机构可采用这种组织形式。

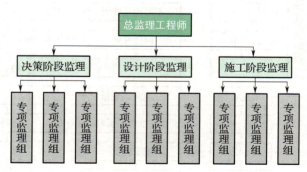

图4-13 按建设阶段分解的直线制监理组织形式

3）按专业内容分解的直线制监理组织形式，如图 4-14 所示。这种组织形式适用于小型建设工程。

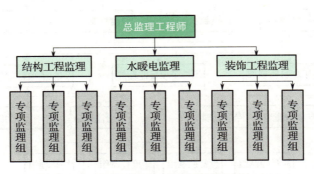

图 4-14　按专业内容分解的直线制监理组织形式

直线制监理组织形式的优点是机构简单、权力集中、命令统一、职责分明、决策迅速、隶属关系明确；缺点是实行没有职能机构的"个人管理"，要求有一个"全能型"的总监理工程师掌握多种知识技能并通晓各种业务、具有较高的业务管理水平。

2. 职能制监理组织形式

职能制监理组织形式（图 4-15）把管理部门和人员分为两类：一类是以子项目监理为对象的直线指挥部门和人员；另一类是以投资控制、进度控制、质量控制及合同管理为对象的职能部门和人员。监理机构内的职能部门按总监理工程师授予的权力和监理职责有权对直线指挥部门发布指令。

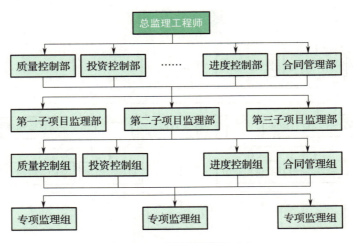

图 4-15　职能制监理组织形式

这种组织形式的主要优点是加强了项目监理目标控制的职能化分工，能够发挥职能机构的专业管理作用，提高管理效率，减轻总监理工程师的负担；但由于直线指挥部门受职能部门的多头指令，如果这些指令相互矛盾，将使直线指挥部门在监理工作中无所适从。

职能制监理组织形式一般适用于大中型建设工程，如果子项目规模较大时，也可以在子项目层设置职能部门，如图 4-16 所示。

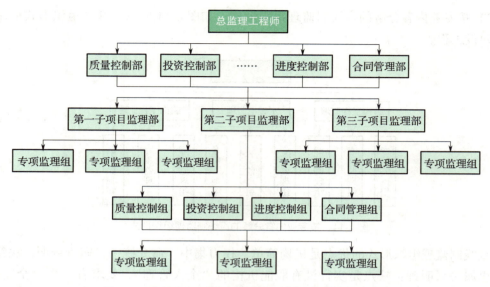

图 4-16　在子项目层设置职能部门的职能制监理组织形式

3. 直线职能制监理组织形式

直线职能制监理组织形式吸收了直线制监理组织形式和职能制监理组织形式的优点，直线指挥部门拥有对下级部门实行指挥和发布命令的权力，并对该部门的工作全面负责；职能部门是直线指挥部门的参谋，只能对直线指挥部门进行业务指导，而不能对直线指挥部门直接进行指挥和发布命令，如图 4-17 所示。

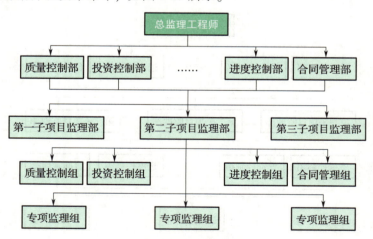

图 4-17　直线职能制监理组织形式

这种组织形式一方面保持了直线制监理组织形式实行直线领导、统一指挥、职责清楚的优点，另一方面又保持了职能制监理组织形式目标管理专业化的优点；其缺点是职能部门与直线指挥部门易产生矛盾，信息传递路线长，不利于互通情报。

4. 矩阵制监理组织形式

矩阵制监理组织形式是由纵向的职能系统和横向的子项目系统交叉形成的矩阵形组

织结构，如图4-18所示。这种组织形式的纵、横两套管理系统在监理工作中是相互融合的关系。图4-18中虚线所绘的交叉点上，表示了两者协同以共同解决问题，例如第一子项目的质量验收是由第一子项目监理部和质量控制组共同进行的。

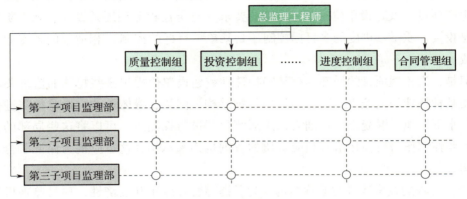

图4-18 矩阵制监理组织形式

这种形式的优点是加强了各职能部门的横向联系，具有较大的机动性和适应性，把集权与分权进行了最优化结合，有利于解决复杂难题，有利于监理人员业务能力的培养；缺点是纵、横向协调工作量较大，处理不当会造成扯皮现象，产生矛盾。

三、案例

背景

某监理单位承担了50km高等级公路工程施工阶段的监理业务，该工程包括路基、路面、桥梁、隧道等主要项目。建设单位分别将桥梁工程、隧道工程和路基路面工程发包给了三家承包商。针对工程特点和建设单位对工程的分包情况，总监理工程师拟定了将现场监理机构设置成矩阵制监理组织形式和直线制监理组织形式两种方案供大家讨论。

问题

你若作为监理工程师，推荐采用哪种方案？为什么？请给出组织机构示意图。

第五节 项目监理机构的人员配备与职责分工

一、项目监理机构的人员配备

项目监理机构配备监理人员的数量和专业应根据监理工作的任务范围、内容、期限以及工程的类别、规模、技术复杂程度、环境等因素综合考虑，并应符合委托监理合同中对监理深度和密度的要求，能体现项目监理机构的整体素质，满足监理目标控制的要求。

1. 项目监理机构的人员结构

项目监理机构应具有合理的人员结构，主要体现在以下两方面：

（1）合理的专业结构　项目监理机构应由与监理项目的性质（是民用项目还是专业性的生产项目）及建设单位对项目监理的要求（是全过程监理还是设计、施工阶段性监理；是投资、质量、进度的多目标控制还是某单一目标的控制）相适应的各专业人员配套组成。

但是，当监理项目的局部具有某些特殊性或建设单位提出某些特殊的监理要求而需要采用某种特殊的监控手段时，如局部的钢结构、网架、罐体等的质量监控需进行无损探伤，水下及地下混凝土桩基础需采用遥测仪器进行探测等，可以将这些局部的、专业性强的监控工作另行委托给有相应资质的咨询机构来承担，这也应视为保证了合理的专业结构。

（2）合理的技术职务与职称结构　为了提高管理效率和经济性，项目监理机构的监理人员应根据建设工程的特点和建设工程监理工作的需要确定其技术职称、职务结构，而不能盲目地追求监理人员的高技术职务、职称。合理的技术职称结构应是具有与监理工作相称的高级、中级和初级职称比例。

通常，决策阶段、设计阶段的监理工作中，应以具有中级及以上职称的人员在整个监理人员构成中占绝大多数，初级职称人员仅占少数；而在施工阶段的监理工作中，应以具有较多的从事旁站、填写日志、现场检查、计量等实际操作的初级职称人员较为合理。施工阶段项目监理机构监理人员的技术职称结构要求见表4-3。

表4-3　施工阶段项目监理机构监理人员的技术职称结构要求

层次	人员	职能	职称、职务要求
决策层	总监理工程师、总监理工程师代表、专业监理工程师	项目监理工作的策划、规划、组织、协调、监控、评价等	高级、中级职称；以高级职称为主
执行层/协调层	专业监理工程师	项目监理工作实施的具体组织、指挥、控制、协调	高级、中级、初级职称；以中级职称为主
作业层/操作层	监理员	具体业务的执行	中级、初级职称；以初级职称为主

2. 项目监理机构的人员数量

项目监理机构的人员数量主要受工程建设强度、建设工程复杂程度、监理企业的业务水平及项目监理机构的组织结构和任务职能分工等因素影响。

（1）工程建设强度　工程建设强度是指单位时间内投入的工程建设资金的数量，即

$$工程建设强度 = 投资/工期$$

其中，投资和工期是指由工程监理企业承担监理任务的那部分工程的建设投资和工期。通

常，投资费用可按工程估算、概算或合同价计算，工期可根据进度总目标及其分目标计算。

显然，工程建设强度越大，需投入的监理人员数量就越多。

(2) 建设工程复杂程度　每项工程的复杂情况各不相同，根据一般工程的情况，可依据设计活动的多少，工程的地点、位置、气候条件、地形条件，工程地质情况，施工方法，工程性质，工期要求，材料供应，工程分散程度等因素来确定工程复杂程度的等级。

工程复杂程度按五级划分：简单、一般、较复杂、复杂、很复杂。其定级可采用定量办法：对构成工程复杂程度的各因素通过专家评估，根据工程实际情况给出相应的权重，将各影响因素的评分加权平均后根据分值的大小确定该工程的复杂程度，参见表4-4。若按十分制计评，则平均分值为1~3分的为简单工程，平均分值为3~5分、5~7分、7~9分的依次为一般工程、较复杂工程、复杂工程，9分以上的为很复杂工程。

表4-4　工程复杂程度评分

序号	构成因素	分值	序号	构成因素	分值
1	设计活动	6	7	材料供应	5
2	工程地点	5	8	工程性质	7
3	气候条件	6	9	工期要求	5
4	地形条件	5	10	工程分散程度	8
5	工程地质情况	7	11	平均分值	6
6	施工方法	6			

不同复杂程度等级的工程需要配备的项目监理人员数量有所不同。显然，简单工程需要的项目监理人员较少，而复杂工程需要的项目监理人员较多。

(3) 监理企业的业务水平　各工程监理企业的业务水平和对某类工程的熟悉程度不尽相同，在管理水平、专业能力、人员素质、工程经验和监理的设备手段等方面也存在差异，这都会直接影响监理效率的高低。高水平的工程监理企业可以投入较少的监理人员完成一个建设工程的监理工作，而一个经验不足或管理水平不高的工程监理企业则可能需投入较多的监理人员。因此，工程监理企业应当根据自己的实际情况制定监理人员需要量定额，参见表4-5。

表4-5　监理人员需要量定额　　［单位：人/(百万美元/年)］

工程复杂程度	监理工程师	监理员	行政及文秘人员
简单	0.20	0.75	0.10
一般	0.30	1.00	0.10
较复杂	0.40	1.20	0.25
复杂	0.50	1.50	0.35
很复杂	>0.50	>1.50	>0.35

(4) 项目监理机构的组织结构和任务职能分工 项目监理机构的组织结构情况关系到具体的监理人员配备，务必使项目监理机构的任务职能分工的要求得到满足。必要时，还需要根据项目监理机构的任务职能分工对监理人员的配备做进一步的调整。

有时，监理工作需要委托专业咨询机构或专业监测、检验机构进行，此时项目监理机构的监理人员数量可适当减少。

项目监理机构的监理人员数量和专业配备应随工程施工进展情况做相应的调整，从而满足不同阶段监理工作的需要。施工阶段项目监理机构的监理人员数量一般不少于3人。

二、案例

背景

某工程监理企业承担某建设工程施工阶段的监理任务，该建设工程合同总价为4200万美元，工期为36个月。专家对构成工程复杂程度的各因素进行评估，结果见表4-4。该工程监理企业的监理人员需要量定额见表4-5。

问题

试计算监理人员数量。

三、监理机构各类人员的职责

监理人员的基本职责应按照工程建设阶段和建设工程的情况确定。施工阶段，按照我国《监理规范》的规定，项目总监理工程师、总监理工程师代表、专业监理工程师和监理员应分别履行以下职责：

1. 总监理工程师的职责

1) 确定项目监理机构人员及其岗位职责。
2) 组织编制监理规划，审批监理实施细则。
3) 根据工程进展情况安排监理人员进场，检查监理人员工作，调换不称职监理人员。
4) 组织召开监理例会。
5) 组织审核分包单位资格。
6) 组织审查施工组织设计、（专项）施工方案、应急救援预案。
7) 审查开（复）工报审表，签发开工令、工程暂停令和复工令。
8) 组织检查施工单位现场质量、安全生产管理体系的建立及运行情况。
9) 组织审核施工单位的付款申请，签发工程款支付证书，组织审核竣工结算。
10) 组织审查和处理工程变更。
11) 调解建设单位与施工单位的合同争议，处理费用与工期索赔。
12) 组织验收分部工程，组织审查单位工程质量检验资料。
13) 审查施工单位的竣工申请，组织工程竣工预验收，组织编写工程质量评估报告，参与工程竣工验收。

14）参与或配合工程质量安全事故的调查和处理。

15）组织编写监理月报、监理工作总结，组织整理监理文件资料。

2. 总监理工程师代表的职责

1）负责总监理工程师指定或交办的监理工作。

2）按总监理工程师的授权，行使总监理工程师的部分职责和权力。

但是，总监理工程师不得将下列工作委托总监理工程师代表：

1）组织编制监理规划，审批监理实施细则。

2）根据工程进展情况安排监理人员进场，调换不称职监理人员。

3）组织审查施工组织设计、（专项）施工方案、应急救援预案。

4）签发开工令、工程暂停令和复工令。

5）签发工程款支付证书，组织审核竣工结算。

6）调解建设单位与施工单位的合同争议，处理费用与工期索赔。

7）审查施工单位的竣工申请，组织工程竣工预验收，组织编写工程质量评估报告，参与工程竣工验收。

8）参与或配合工程质量安全事故的调查和处理。

3. 专业监理工程师的职责

1）参与编制监理规划，负责编制监理实施细则。

2）审查施工单位提交的涉及本专业的报审文件，并向总监理工程师报告。

3）参与审核分包单位资格。

4）指导、检查监理员工作，定期向总监理工程师报告本专业监理工作实施情况。

5）检查进场的工程材料、设备、构（配）件的质量。

6）验收检验批、隐蔽工程、分项工程。

7）处置发现的质量问题和安全事故隐患。

8）进行工程计量。

9）参与工程变更的审查和处理。

10）填写监理日志，参与编写监理月报。

11）收集、汇总并参与整理监理文件资料。

12）参与工程竣工预验收和竣工验收。

4. 监理员的职责

1）检查施工单位投入工程的人力、主要设备的使用及运行状况。

2）进行见证取样。

3）复核工程计量有关数据。

4）检查和记录工艺过程或施工工序。

5）处置发现的施工作业问题。

6）记录施工现场监理工作情况。

第六节 建设工程监理的组织协调

建设工程监理目标的实现，需要监理工程师扎实的专业知识和对监理程序的有效执行；此外，还要求监理工程师有较强的组织协调能力，通过组织协调，使影响监理目标实现的各方主体有机配合，使监理工作能有效运行。

一、组织协调的概念

协调是指连接、联合、调和所有的活动及力量，使各方配合协调，其目的是促使各方协同一致，以实现预定目标。项目的协调其实就是一种沟通，沟通确保了能够及时和适当地对项目信息进行收集、分发、储存和处理，并对可预见的问题进行必要的控制。协调工作应贯穿于整个建设工程实施及管理过程中。

建设工程系统是一个由人员、物质、信息等构成的人为组织系统。用系统方法分析，建设工程的协调一般有三大类：一是"人员/人员界面"；二是"系统/系统界面"；三是"系统/环境界面"。

（1）人员/人员界面　建设工程组织是由各类人员组成的工作班子，人的差别是客观存在的，由于每个人的性格、习惯、能力、岗位、任务、作用的不同，即使只有两个人在一起工作，也有潜在的人员矛盾或危机。这种人和人之间的间隔，就是"人员/人员界面"。

（2）系统/系统界面　建设工程系统是由若干个子项目组成的完整体系，一个子项目就是一个子系统。由于子系统的功能、目标不同，容易产生"各自为政"的趋势和相互推诿的现象。这种子系统和子系统之间的间隔，就是"系统/系统界面"。

（3）系统/环境界面　建设工程系统是一个典型的开放系统，它具有环境适应性，能主动从外部世界取得必要的能量、物质和信息。在取得的过程中，不可能没有障碍和阻力。这种系统与环境之间的间隔，就是"系统/环境界面"。

项目监理机构的协调管理就是在"人员/人员界面""系统/系统界面""系统/环境界面"之间，对所有的活动及力量进行连接、联合、调和的工作。

二、项目监理组织协调的范围和层次

从系统方法的角度看，项目监理组织协调的范围分为系统内部的协调和系统外部的协调。系统外部的协调又分为近外层协调和远外层协调。近外层和远外层的主要区别是：建设工程与近外层关联单位一般有合同关系，包括直接的和间接的合同关系，如与建设单位、设计单位、总包单位、分包单位等的关系；建设工程与远外层关联单位一般没有合同关系，却受法律法规和社会公德等的约束，如与项目周边居民社区组织，以及环保、交通、环卫、绿化、文物、消防、公安等单位的关系。

三、项目监理组织协调的工作内容

1. 项目监理机构内部的协调

项目监理机构内部协调包括人际关系、组织关系和内部需求关系的协调。

(1) 项目监理机构内部人际关系的协调　项目监理机构内部人际关系是指项目监理部内部各成员之间以及项目总监理工程师和下属之间的关系总和。项目监理机构的工作效率很大程度上取决于人际关系的协调程度,总监理工程师应首先抓好人际关系的协调,激励项目监理机构成员。

1) 人员安排要量才录用。对项目监理机构中的各种人员,总监理工程师要根据每个人的专长进行安排,做到人尽其才。人员的搭配应注意能力互补和性格互补,人员配置应尽可能少而精,防止出现力不胜任和忙闲不均现象。

2) 工作委任要职责分明。总监理工程师对项目监理机构内的每一个岗位,都应订立明确的目标和岗位责任制,应通过职能清理使管理职能不重不漏,做到事事有人管、人人有专责,同时要明确岗位职权。

3) 成绩评价要实事求是。谁都希望自己的工作做出成绩,并得到肯定。但工作成绩的取得不仅需要主观努力,还需要一定的工作条件和相互配合。要发扬民主作风,实事求是地评价下属,以免有人员无功自傲或有功受屈,应使每个人热爱自己的工作,并对工作充满信心和希望。

4) 矛盾调解要恰到好处。人员之间的矛盾总是存在的,一旦出现矛盾,总监理工程师就应进行调解,要多听取项目监理机构成员的意见和建议,及时沟通,使人员始终处于团结、和谐、热情高涨的工作气氛之中。

(2) 项目监理机构内部组织关系的协调　项目监理机构内部组织关系的协调是指项目监理组织内部各部门之间工作关系的协调。项目监理机构是由若干部门(专业组)组成的工作体系,每个专业组都有自己的目标和任务,如果每个子系统都从建设工程的整体利益出发,理解和履行自己的职责,则整个系统就会处于有序的良性状态;否则,整个系统便处于无序的紊乱状态,导致功能失调、效率下降。

项目监理机构内部组织关系的协调可从以下几方面进行:

1) 在目标分解的基础上设置组织机构,根据工程对象及委托监理合同所规定的工作内容,设置配套的管理部门。

2) 明确规定每个部门的目标、职责和权限,最好以规章制度的形式做出明文规定。

3) 事先约定各个部门在工作中的相互关系。在工程建设过程中许多工作是由多个部门共同完成的,其中有主办、牵头和协作、配合之分。事先约定,才不至于出现误事、脱节等贻误工作的现象。

4) 建立信息沟通制度,如举行工作例会、业务碰头会,下发会议纪要、工作流程图或信息传递卡等,这样可使局部了解全局,服从并适应全局需要。

5) 及时消除工作中的矛盾或冲突。总监理工程师应采取民主作风,注意从心理学、行为科学的角度激励各个成员的工作积极性；采用公开的信息政策，让大家了解建设工程实施情况以及遇到的问题或危机；经常性地指导工作，和成员一起商讨遇到的问题，多倾听他们的意见、建议，鼓励大家同舟共济。

（3）项目监理机构内部需求关系的协调　建设工程监理实施过程中有人员需求、试验设备需求、材料需求等，而资源是有限的，因此内部需求平衡至关重要。内部需求关系的协调可从以下环节进行：

1）对监理设备、材料的平衡。建设工程监理工作刚开始时，总监理工程师要做好监理规划和监理实施细则的编写工作，提出合理的监理资源配置计划，要注意抓住期限上的及时性、规格上的明确性、数量上的准确性、质量上的规定性。

2）对监理人员的平衡。总监理工程师要抓住调度环节，注意各专业监理工程师的配合。一个工程包括多个分部分项工程，复杂性和技术要求各不相同，这就存在监理人员配备、衔接和调度问题。例如，土建工程的主体阶段，主要是钢筋混凝土工程或预应力钢筋混凝土工程；设备安装阶段，材料、工艺和测试手段各不相同，这就导致在监理人员的配备上有所区别。监理力量的安排必须考虑工程进展情况，做出合理的安排，以保证工程监理目标的实现。

2. 项目监理机构近外层协调

建设工程实施的过程中，项目监理机构与近外层关联单位的联系相当密切，大量的工作需要互相支持和配合协调，能否如期实现项目监理目标，关键就在于项目监理机构的近外层协调工作做得好不好。

（1）与建设单位的协调　现阶段建设单位与监理单位之间的主要问题：一是建设单位沿袭计划经济时期的基建管理模式，搞"大业主，小监理"，在建设工程上，建设单位的管理人员有时要比监理人员多或管理层次多，对监理工作干涉多，并插手监理人员应做的具体工作；二是建设单位不把合同中规定的权力交给监理单位，致使监理工程师有职无权，发挥不了作用；三是建设单位科学管理意识较差，在建设工程目标的确定上压工期、压造价，在建设工程实施过程中变更多或时效不按要求，给监理工作的质量、进度、投资控制带来困难。因此，与建设单位的协调是监理工作的重点和难点。监理工程师应从以下几方面加强与建设单位的协调：

1）监理工程师首先要理解建设工程总目标、理解建设单位的意图。对于未能参加项目决策过程的监理工程师，必须了解项目构思的基础、起因、出发点，否则可能对监理目标及任务有不完整的理解，会给后续工作造成很大的困难。

2）利用工作之便做好监理宣传工作，增进建设单位对监理工作的理解，特别是对建设工程管理各方职责及监理程序的理解；主动帮助建设单位处理建设工程中的事务性工作，以自己规范化、标准化、制度化的工作去影响和促进双方工作的协调一致。

3）尊重建设单位，让建设单位一起投入建设工程的全过程工作。尽管有预定的目标，但建设工程实施必须执行建设单位的指令，使建设单位满意。监理工程师对建设单位提出的某些不适当的要求，只要不属于原则问题，都可先执行，然后利用适当时机、采取适当方式加以说明或解释；对于原则性问题，可采取书面报告等方式说明原委，尽量避免发生误解，以使建设工程顺利实施。

（2）与承包商的协调　监理工程师对质量、进度和投资的控制都是通过承包商的工作来实现的，所以做好与承包商的协调工作是监理工程师组织协调工作的重要内容。

1）与承包商项目经理关系的协调。从承包商项目经理及其工地工程师的角度来说，他们最希望监理工程师是公正、通情达理并容易理解别人的；希望从监理工程师处得到明确的指示，并且能够对他们所询问的问题给予及时的答复；希望监理工程师的指示能够在他们工作之前发出。他们可能对工作方法僵硬的监理工程师较为反感。他们的这些想法，作为监理工程师来说，应该非常清楚，一个既懂得坚持原则，又善于理解承包商的监理工程师肯定是受欢迎的。

2）进度问题的协调。影响进度的因素错综复杂，因而有关进度问题的协调工作也十分复杂，其中有两项协调工作很重要：一是建设单位和承包商双方共同商定一级网络计划，并由双方主要负责人签字，作为工程施工合同的附件；二是建立严格、公正的奖惩制度，如果施工单位工期提前，应给予一定的奖励，如果因施工单位原因造成工期拖延，则应给予一定的惩罚。

3）质量问题的协调。在质量控制方面应实行监理工程师质量签字认可制度，对没有出厂证明、不符合使用要求的原材料、设备和构件，不准使用；对工序交接实行报验签证；对不合格的工程部位不予验收签字，也不予计算工程量，不予支付工程款。在建设工程实施过程中，设计变更或工程内容的增减是经常出现的，有些是合同签订时无法预料和明确规定的。对于这种变更，监理工程师要认真研究，合理计算价格，与有关方面充分协商，达成一致意见，并实行监理工程师签证制度。

4）对承包商违约行为的处理。在施工过程中，监理工程师对承包商的某些违约行为进行处理是一件很棘手而又难免的事情。当发现承包商采用一种不适当的方法进行施工，或是用了不符合合同规定的材料时，监理工程师除了立即制止外，可能还要采取相应的处理措施。遇到这种情况，监理工程师应该考虑的是自己的处理意见是否是监理权限以内的、自己应该怎样做等。在发现质量缺陷并需要采取措施时，监理工程师必须立即通知承包商。同时，监理工程师要有时间期限的概念，否则承包商有权认为监理工程师对已完成的工程内容是满意或认可的。

5）合同争议的协调。对于工程中的合同争议，监理工程师应首先采用协商解决的方式，协商不成时才由当事人向合同管理机关申请调解。只有当对方严重违约而使自己的利益受到重大损失且不能得到补偿时才采用仲裁或诉讼手段。

6）处理好人际关系。在监理过程中，监理工程师处于一种十分特殊的位置。建设单位希望得到独立、专业的高质量服务，而承包商则希望工程监理企业能对合同条件有一个公正的解释。因此，监理工程师必须善于处理各种人际关系，既要严格遵守职业道德，礼貌而坚决地拒绝各种违规事件，以保证行为的公正性，也要利用各种机会增进与各方面人员的友谊与合作，以利于监理工作的开展。

（3）与分包商的协调　与分包商的协调管理，主要是对分包单位明确合同管理的范围，分层次管理，一般将总包合同作为一个独立的合同单元进行投资控制、进度控制、质量控制和合同管理，不直接和分包合同发生关系。对分包合同中的工程质量、进度进行直接的跟踪和监控，可通过总包商进行调控和纠偏。分包商在施工中发生的问题，一般由总包商负责协调处理，必要时，监理工程师可帮助协调。当分包合同条款与总包合同发生抵触时，以总包合同条款为准。此外，分包合同不能解除总包商对总包合同所承担的任何责任和义务。分包合同发生的索赔问题，一般由总包商负责，涉及总包合同中建设单位的义务和责任时，由总包商通过监理工程师向建设单位提出索赔，由监理工程师进行协调。

（4）与设计单位的协调　工程监理企业必须协调与设计单位的工作，以加快工程进度、确保质量、降低消耗。

1）尊重设计单位的意见，在设计单位向承包商介绍工程概况、设计意图、技术要求、施工难点等情况时，监理工程师应注意标准过高、设计遗漏、图纸差错等问题，并将这些问题解决在施工之前；施工阶段，监理工程师应严格监督施工单位按图施工；结构工程验收、专业工程验收、竣工验收等工作，监理工程师应约请设计代表参加；若发生质量事故，监理工程师应认真听取设计单位的处理意见。

2）施工中发现设计问题，监理工程师应及时按工作程序向设计单位提出，以免造成过大的直接损失；若监理单位掌握比原设计更先进的新技术、新工艺、新材料、新结构、新设备等知识时，可主动与设计单位沟通。为使设计单位有修改设计的余地而不影响施工进度，监理工程师可协调各方达成协议，约定一个期限，争取设计单位、承包商的理解和配合。

3）注意信息传递的及时性和程序性。监理工作联系单、工程变更单的传递要按规定的程序进行。

要注意的是，在施工过程中，工程监理企业与设计单位都是受建设单位委托进行工作的，两者之间并没有合同关系，所以工程监理企业主要是和设计单位做好交流工作，协调要靠建设单位的支持。设计单位应就其设计质量对建设单位负责，因此工程监理人员发现工程设计不符合建筑工程质量标准或者合同约定的质量要求的，应当报告建设单位要求设计单位改正。

3. 项目监理机构远外层协调

建设工程活动还会受到政府部门及其他单位的影响，如政府部门、金融组织、社会团体、新闻媒介等，它们对建设工程起着一定的控制、监督、支持、帮助作用，这些关系若协调不好，建设工程的实施可能会受阻。

（1）与政府部门的协调

1）工程监理企业在进行工程质量控制和质量问题处理时，要做好与工程质量监督站的交流和协调工作。工程质量监督站是由政府授权的工程质量监督的实施机构，对委托监理的工程，质量监督站主要是核查勘察设计单位、施工单位和监理单位的资质，监督这些单位的质量行为和工程的施工质量。

2）当发生重大质量、安全事故时，在承包商采取急救、补救措施的同时，项目监理机构应敦促承包商立即向政府有关部门报告情况，接受检查和处理。

3）建设工程合同应送公证机关公证，并报政府建设管理部门备案；协助建设单位的征地、拆迁、移民等工作要争取政府有关部门的支持和协作；现场消防设施的配置，宜请消防部门检查认可；监理单位要敦促承包商在施工中注意防止污染环境，坚持做到文明施工。

（2）与社会团体的协调 一些大中型建设工程建成后，不仅会给建设单位带来效益，还会给该地区的经济发展带来好处，同时给当地人民生活带来方便，因此必然会引起社会各界的关注。建设单位和工程监理企业应把握机会，争取社会各界对建设工程的关心和支持，这是一种争取良好社会环境的协调工作。

根据目前的工程监理实践，对远外层关系的协调应由建设单位主持，工程监理企业主要是协调近外层关系。如建设单位将部分或全部远外层关系的协调工作委托工程监理企业承担，则应在委托监理合同专用条件中明确委托的工作和相应的报酬。

四、项目监理组织协调的方法

组织协调工作涉及面较广，受主观和客观因素影响较大，为保证监理工作顺利进行，要求监理工程师熟练掌握和运用各种组织协调方法，能够因地制宜、因时制宜地处理问题。监理工程师进行组织协调时可采用以下方法：

1. 会议协调法

会议协调法是建设工程监理中最常用的一种协调方法，实践中常用的会议协调法包括第一次工地会议、监理例会、专业性协调会议等。

（1）第一次工地会议 第一次工地会议既是建设工程尚未全面展开前，履约各方相互认识、确定联络方式的会议，也是检查开工前各项准备工作是否就绪并明确监理程序的会议。第一次工地会议应在项目总监理工程师下达开工令之前举行，会议由建设单位主持召开，监理单位、总承包单位的授权代表参加，也可邀请分包单位参加，必要时还可邀请有关设计单位人员参加。

第一次工地会议应包括以下主要内容：

1）建设单位、承包单位和监理单位分别介绍各自驻现场的组织机构、人员及其分工。
2）建设单位介绍工程开工准备情况。
3）承包单位介绍施工准备情况。
4）建设单位和总监理工程师对施工准备情况提出意见和要求。
5）总监理工程师介绍监理规划的主要内容。
6）研究确定各方在施工过程中参加工地例会的主要人员，召开工地例会的周期、地点及主要议题。
7）其他有关事项。

第一次工地会议的会议纪要应由项目监理机构负责起草，并经与会各方代表会签

（2）监理例会 监理例会是由总监理工程师主持并按一定程序召开的，研究施工中出现的计划、进度、质量及工程款支付等问题的工地会议。参加人员包括项目总监理工程师（也可为总监理工程师代表）、其他有关监理人员、承包商项目经理、承包单位其他有关人员等；需要时，还可邀请其他有关单位代表参加。监理例会应当定期召开，宜每周召开一次。监理例会的主要议题如下：

1）对上次会议存在问题的解决和会议纪要的执行情况进行检查。
2）工程进展情况。
3）对下月（或下周）的进度预测及其落实措施。
4）施工质量、加工订货、材料的质量与供应情况。
5）质量改进措施。
6）有关技术问题。
7）索赔及工程款支付情况。
8）需要协调的有关事宜。

监理例会的会议纪要由项目监理机构起草，经与会各方代表会签，然后分发给有关单位。监理例会的会议纪要内容如下：

1）会议地点及时间。
2）出席者姓名、职务及他们代表的单位。
3）会议中发言者的姓名及所发表的主要内容。
4）决定事项。
5）诸事项分别由何人何时执行。

（3）专业性协调会议 除定期召开工地监理例会以外，还应根据需要组织召开一些专业性协调会议，例如加工订货会、建设单位直接分包的工程涉及承包单位与总包单位之间的协调会、专业性较强的分包单位进场协调会等，均由监理工程师主持会议。

2. 交谈协调法

在实践中，并不是所有问题都需要开会来解决，有时可采用"交谈"这种协调方法。交谈包括面对面的交谈和电话交谈两种形式。

由于交谈本身没有合同效力，且具有方便性和及时性，所以建设工程参与各方之间及监理机构内部都愿意采用这一方法进行协调。实践证明，交谈是寻求协作和帮助的优秀方法，因为在寻求别人帮助和协作时，往往要及时了解对方的反应和意见，以便采取相应的对策。另外，相对于书面寻求协作，人们较难拒绝面对面的请求。因此，采用交谈方式请求协作和帮助比采用书面方法成功的可能性更大，所以无论是内部协调还是外部协调，这种方法的使用频率是相当高的。

3. 书面协调法

当其他协调方法不方便或不需要时，或者需要精确地表达自己的意见时，可采用书面协调的方法。书面协调法的特点是具有合同效力，一般常用于以下情况：

1）不需双方直接交流的书面报告、报表、指令和通知等。

2）需要以书面形式向各方提供详细信息和情况通报的报告、信函和备忘录等。

3）事后对会议记录、交谈内容或口头指令的书面确认。

4. 访问协调法

访问协调法有走访和邀访两种形式，主要用于外部协调。走访是指监理工程师在建设工程施工前或施工过程中，对与工程施工有关的各政府部门、公共事业机构、新闻媒介或工程毗邻单位等进行访问，向他们解释工程的情况，了解他们的意见。邀访是指监理工程师邀请上述各单位（包括建设单位）代表到施工现场对工程进行指导性巡视，了解现场工作。因为在多数情况下，这些有关方面并不了解工程，不清楚现场的实际情况，如果进行一些不恰当的干预，会对工程产生不利影响。这个时候，采用访问协调法可能是一个相当有效的协调方法。

5. 情况介绍法

情况介绍法通常是与其他协调方法紧密结合在一起的，它可能是在一次会议前，或是一次交谈前，或是一次走访或邀访前向对方进行的情况介绍。形式上主要是口头的，有时也伴有书面的。介绍往往作为其他协调的引导，目的是使别人首先了解情况。因此，监理工程师应重视任何场合下的每一次介绍，要使别人能够理解自己介绍的内容、问题和困难，以及想得到的协助等。

总之，组织协调是一种管理艺术和技巧，监理工程师尤其是总监理工程师需要掌握领导科学、心理学、行为科学方面的知识和技能，如激励、交际、表扬和批评的艺术，开会的艺术，谈话的艺术，谈判的技巧等。只有这样，监理工程师才能进行有效的协调工作。

本章小结

建设工程监理组织是为了达到建设项目监理目标而设立的既有分工又有协作的按照一定原则确立的组织机构，它的构成受多种因素的影响。建设工程项目常见的监理组织形式有直线制监理组织形式、职能制监理组织形式、直线职能制监理组织形式、矩阵制监理组织形式。不同的承（发）包模式适合不同的监理委托模式，平行承（发）包模式下可以采取独家或多家监理企业进行监理的形式；设计或施工总（分）包模式下既可以委托一家监理企业进行全过程监理，也可按照不同的建设阶段进行监理业务的委托；在项目总承包模式、项目总承包管理模式下，一般适宜委托独家监理企业进行全面监理。项目监理组织确立的关键在于按照工程项目的具体情况合理划分监理组织机构中各部门的职能及确定各类监理人员的数量及分工。建设工程监理组织协调的范围分为系统内部的协调和系统外部的协调。系统外部的协调又分为近外层协调和远外层协调。近外层和远外层的主要区别是：建设工程与近外层关联单位一般有合同关系，包括直接的和间接的合同关系；建设工程与远外层关联单位一般没有合同关系。建设工程监理组织协调的方法主要有会议协调法、交谈协调法、书面协调法、访问协调法、情况介绍法等。

综合实训

第四章综合实训

素养小提升

　　某监理企业与建设单位签订委托监理合同后,在实施建设工程之前,首先要建立项目监理机构。监理企业在组建项目监理机构时,某总监理工程师要求按以下步骤进行:①确定建设监理工作的内容;②确定项目监理机构的各项监理目标;③制定信息流程和工作流程;④项目监理机构的组织结构设计。以上组建项目监理机构的步骤是否妥当?答案是不妥当,正确顺序应是②①④③,确定项目监理机构的各项监理目标才是第一步。

　　确定好了目标,才能有正确的方向,方向错了,做再多的事都是无用功。无论在学习、工作还是生活中,做任何事都要先确定好目标,才能做到事半功倍。

第五章 建设工程目标控制

学习目标

了解工程建设项目投资控制、进度控制、质量控制的概念和相关知识；熟悉目标控制基本原理及措施；掌握工程建设项目目标（投资、进度、质量）控制的主要工作内容与方法，以及工程质量事故的分析与处理；具有一般建设工程目标控制的基本能力。

第一节 概 述

在管理学中，控制通常是指管理人员按计划标准来衡量所取得的成果，纠正所发生的偏差，使目标和计划得以实现的管理活动。管理首先开始于确定目标和制订计划，继而进行组织和人员配备，并进行有效的领导。一旦计划付诸实施或运行，就必须进行控制和协调，检查计划实施情况，找出偏离目标和计划的误差，确定应采取的纠正措施，以实现预定的目标和计划。

一、目标控制的基本原理

1. 控制流程

控制流程始于计划，项目按计划投入人力、材料、设备、机具、方法等资源和信息，工程得以开展，并不断输出实际的工程状况和实际的投资、进度、质量情况的信息。控制人员收集实际状况信息和其他有关信息，进行整理、分类、综合，提出工程状况报告。控制部门根据工程状况报告，将项目实际完成的投资、进度、质量状况与相应的计划目标进行比较，以确定是否发生了偏离。如果计划运行正常，按计划继续进行；反之，如果已经偏离计划目标，或者预计将要偏离，就需要采取纠正措施或改变投入或采取其他纠正措施，使计划呈现一种新状态，使工程能够在新的计划状态下顺利进行。控制流程图如图 5-1 所示。

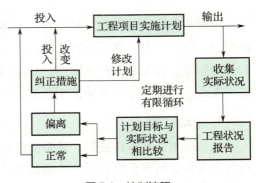

图 5-1 控制流程

2. 控制流程的基本环节

控制流程的基本环节可概括为投入、转换、反馈、对比、纠正五个基本环节，如图 5-2 所示。

（1）投入　投入是控制流程的开端，即按计划投入人力、财力、物力，是整个控制工作的开始。

（2）转换　转换主要是指工程项目由投入到产出的过程，也就是工程建设目标实现的过程。在转换过程中，计划的运行往往受到来自外部环境和内部各因素的干扰，造成实际工程偏离计划轨道。同时，计划本身存在着不同程度的问题，造成期望的输出和实际输出出现偏离。

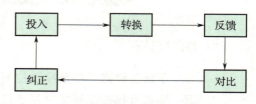

图 5-2　控制流程的基本环节

（3）反馈　反馈是指把已经发生的工程变化信息返送到控制部门的过程。反馈方式分为正式和非正式两种。正式反馈是指书面的工程状况报告，它是控制过程中应当采用的主要反馈方式。非正式反馈主要是指以口头方式反馈，这在控制过程中同样很重要。在实施工程监理过程中要及时将非正式反馈的信息转化为正式反馈的信息，以确保信息反馈及时、准确、全面。

（4）对比、纠正　对比、纠正是将实际目标成果与计划目标相比较，以确定是否偏离目标，并及时采取措施纠正偏离或确保偏离在允许偏差范围内。其工作一般分为以下三步：

1）收集工程实际成果并加以分类、归纳。

2）将实际成果与计划目标值（包括标准、规范）进行对比并判断是否发生偏离。

3）判断目标的偏离程度，依其程度不同可分为轻度偏离、中度偏离和重度偏离。发生轻度偏离时，可不改变原定目标计划，在下一个控制周期内微调原定实施计划，将目标控制在计划值范围内，即直接纠偏；发生中度偏离时，不改变总目标计划，调整后期实施计划进行纠偏；发生重度偏离时，则要分析偏离原因，重新确定目标计划，并重新制订实施计划。

二、控制的类型

根据划分标准的不同，控制可分为多种类型。按照事物发展的过程，控制可分为事前控制、事中控制、事后控制；按照纠正措施和控制信息的来源，控制可分为前馈控制和反馈控制；按照是否形成回路，控制可分为开环控制和闭环控制；按照制定控制措施的出发点，控制可分为主动控制和被动控制。

1. 主动控制

主动控制既是事前控制，又是前馈控制，是面对未来的控制。主动控制最主要的特点就是事前分析和预测目标值偏离的可能性，并采取相应的预防措施。因为主动控制是面对未来的控制，有一定的难度和不确定性，所以监理工程师更应当注意预测结果的准确性和全面性，应做到：详细分析可能影响计划运行的各项有利和不利的因素，识别风险、做好风险管理工作，科学合理地确定计划，做好组织工作，制订必要的备用方案，加强信息的收集、整理和研究工作。

2. 被动控制

被动控制既是事后控制，又是反馈控制，是面对实施结果偏离计划目标的控制。被动控制是根据被控系统的输出情况，将实际值与计划值进行比较，确认是否有偏离，并根据偏离程度分析原因，采取相应措施进行纠正的控制过程。

3. 主动控制和被动控制的关系

主动控制和被动控制对监理工作互为补充，是进行项目目标控制的两种重要控制方式。监理工程师能够预判并采取有效的主动控制措施是非常重要的，但是，只采取主动控制措施是不现实的，因为工程建设过程中有许多风险因素（如政治、社会、自然等因素）是不可预见的，因此被动控制的作用是不能忽视的。最为有效的控制是把主动控制和被动控制紧密结合起来，力求加大主动控制在控制过程中的比例，同时进行必要的被动控制，如图5-3所示。

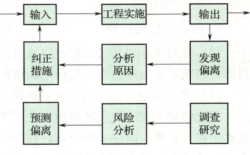

图5-3 主动控制与被动控制相结合

三、目标控制措施

目标控制措施主要有组织措施、技术措施、经济措施、合同措施等。

1. 组织措施

组织措施主要是通过建立合理完善的组织机构来达到目标控制的目的。组织措施具体有：建立健全的监理组织、完善职责分工及有关制度、落实目标控制的责任、协调各种关系。

2. 技术措施

技术措施是目标控制的重要措施之一。技术措施具体有：投资控制方面，推选限额设计和优化设计、合理确定标底及合同价、合理确定材料设备供应厂家、仔细审核施工组织设计和施工方案、合理开支施工措施费、避免不必要的赶工费；进度控制方面，建立网络计划和施工作业计划、增加同时作业的施工面、采用高效的施工机械设备、采用施工新工艺和新技术、缩短工艺过程之间和工序之间的技术间歇时间；质量控制方面，优化设计和完善设计质量保证体系、在施工阶段严格进行全过程质量控制等。

3. 经济措施

经济措施一般在目标控制时不单独使用，多和其他措施相结合使用。经济措施具体有：投资控制方面，及时进行计划费用与实际开支费用的比较分析、对优化设计给予一定的奖励；进度控制方面，对工期提前的实行奖励、对应急工程采用较高的计件单价、确保资金的及时供应；在质量控制方面，不符合质量要求的工程拒付工程款、优良工程支付质量补偿金或奖金。

4. 合同措施

合同措施具体有：按合同条款支付工资，防止过早、过量的现金支付；全面履约，减少对方提出索赔的条件和机会；正确处理索赔；按合同要求，及时协调有关各方的进度。

四、目标控制的前提工作

为了有效地进行目标控制，必须做好两项重要的前提工作：一是目标规划和计划；二是目标控制的组织。

1. 目标规划和计划

目标规划和计划是目标控制的基础和前提，是以实现目标控制为目的的规划和计划。目标控制能够取得理想成果与目标规划和计划在以下几方面的质量有直接关系：

（1）合理确定目标　若要有效地控制目标，首先要能合理地确定目标。要做到这一点，需要监理工程师积累足够的有关工程项目的目标数据，建立项目目标数据库，并且能够把握、分析、确定各种影响目标的因素以及确定它们影响程度的方法。要正确地确定项目的投资、进度、质量目标，监理工程师必须全面、详细地掌握拟建项目的目标数据，并且能够抓住拟建项目的特点，找出拟建项目与类似的已建项目之间的差异，计算出这些差异对目标的影响程度，从而确定拟建项目的各项目标。

（2）正确分解目标　为了有效开展投资、进度、质量控制，需要将各项目标进行分解。目标分解应当满足目标控制的全面性要求。例如，建设投资是由建筑安装工程费、设备及工器具购置费以及工程建设其他费组成，为了实施有效控制，就要将目标按建设费用的组成进行分解；由于构成项目的每一部分都占用投资，因此需要按项目结构进行投资分解；又由于项目资金总是分阶段、分期支出的，为了合理地使用资金，有必要将投资按使用时间进行分解。目标分解还应当与组织结构保持一致。这是因为目标控制总是由机构、人员来进行的，它是与机构、人员的任务职能分工密切相关的。

（3）制订合理可行的计划　实现目标离不开计划，编制计划包括选择并确定目标、任务、过程和行动。计划工作是所有管理工作中永远处于领先地位的工作，只有制订了计划，使管理人员了解目标、任务和行动，才能引导组织成员为实现组织的目标做出贡献，才能提出评价标准、实现有效控制。所以，计划是目标控制的重要依据和前提。计划是否可行、是否优化，直接影响到目标能否顺利实现。

2. 目标控制的组织

由于建设工程目标控制的所有活动以及计划的实施都是由目标控制人员来实现的，因此必须有明确的控制机构和人员及明确的任务和职能分工。合理且有效的组织是目标控制的重要保障。为了有效地进行目标控制，需要做好以下几个方面的组织工作：
1) 设置目标控制机构。
2) 配备合适的目标控制人员。
3) 落实目标控制机构和人员的任务和职能分工。
4) 合理组织目标控制的工作流程和信息流程。

五、建设工程目标系统

建设工程目标不是单一目标，而是由多个目标组成的目标系统，建设工程监理的中心任务就是帮助业主实现其投资目的，而任何工程项目都是在一定的投资额度内和一定的投资限制条件下实现的；任何工程项目都要受到时间的限制，都有明确的项目进度和工期要求；任何工程项目都要实现它的功能要求、达到使用要求和其他有关的质量标准。因此，建设工程目标可分解为投资、进度和质量三大目标，即在计划的投资和工期内，按规定质量完成项目建设。这构成了建设工程的目标系统。

六、投资、进度、质量三大目标的关系

工程建设项目三大目标之间具有相互依存、相互制约的关系，既存在矛盾的一面又存在统一的一面，监理工程师在监理活动中应牢牢把握三大目标之间的对立统一关系。

1. 工程项目三大目标之间存在对立关系

工程项目投资、进度、质量三大目标之间存在着矛盾和对立的关系。例如，如果提高工程质量目标，就要投入较多的资金、需要较长的时间；如果要缩短项目的工期，投资就要相应提高或者不能保证工程质量；如果要降低投资，就会降低项目的功能要求和工程质量。

2. 工程项目三大目标之间存在统一关系

工程项目投资、进度、质量三大目标之间存在统一的关系。例如，适当增加投资额，为加快进度措施提供经济条件，就可以加快项目建设速度，缩短工期，使项目提前交付使用，尽早收回投资，降低项目的全寿命成本，经济效益得到提高；适当提高项目功能要求和质量标准，虽然可能造成一次性投资额的增加和工期的延长，但能够节约项目动用后的经常费用和维修费用，从而获得更好的经济效益；如果项目进度计划制订得既可行又经过优化，使工程进展具有连续性、均衡性，则既可以缩短施工工期，还有可能获得较好的质量，费用支出也较低。

监理工程师在开展目标控制活动时，应注意以下事项：
1) 工程项目进行目标控制时应注意统筹兼顾，合理确定投资、进度和质量目标的标准。
2) 要针对目标系统实施控制，防止发生因追求单一目标而干扰和影响其他目标的实现。

3）以实现项目目标系统作为衡量目标控制效果的标准，追求系统目标的实现，做到各目标的互补。

七、建设工程目标的分解

为了在建设工程实施过程中有效地进行目标控制，仅有总目标还不够，还需要将总目标进行适当的分解。

1. 目标分解的原则

建设工程目标分解应遵循以下几个原则：

（1）能分能合　这要求建设工程的总目标既能够自上而下逐层分解，也能够根据需要自下而上逐层综合。这一原则实际上是要求目标分解要有明确的依据并采用适当的方式，避免目标分解的随意性。

（2）按工程部位分解，而不按工种分解　这是因为建设工程的建造过程也是工程实体的形成过程，这样分解比较直观，而且可以将投资、进度、质量三大目标联系起来，也便于对偏差原因进行分析。

（3）区别对待，有粗有细　根据建设工程目标的具体内容、作用和所具备的数据，目标分解的粗细程度应当有所区别。例如，在建设工程的总投资构成中，有些费用数额大，占总投资的比例大，而有些费用则相反。从投资控制工作的要求来看，重点在于前一类费用。因此，对前一类费用应当尽可能分解得细一些、深一些；而对后一类费用则分解得粗一些、浅一些。另外，有些工程内容的组成非常明确、具体（如建筑工程、设备安装工程等），所需要的投资和时间也较为明确，可以分解得很细；而有些工程内容则比较笼统，难以详细分解。因此，对不同工程目标分解的层次或深度不必强求一律，要根据目标控制的实际需要来确定。

（4）有可靠的数据来源　目标分解本身不是目的而是手段，是为目标控制服务的。目标分解的结果是形成不同层次的分目标，这些分目标成为各级目标控制组织机构和人员进行目标控制的依据。如果数据来源不可靠，分目标就不可靠，就不能作为目标控制的依据。因此，目标分解所达到的深度应当以能够取得可靠的数据为原则，并非越深越好。

（5）目标分解结构与组织分解结构相对应　如前所述，目标控制必须要有相关组织来加以保障，要落实到具体的机构和人员，因而存在一定的目标控制的组织分解结构。只有使目标分解结构与组织分解结构相对应，才能进行有效的目标控制。当然，一般而言，目标分解结构较细、层次较多，而组织分解结构较粗、层次较少，目标分解结构在较粗的层次上应当与组织分解结构一致。

2. 目标分解的方式

建设工程的总目标可以按照不同的方式进行分解。对于建设工程投资、进度、质量三个目标来说，目标分解的方式并不完全相同，其中进度目标和质量目标的分解方式较为单一，而投资目标的分解方式较多。

按工程内容分解是建设工程目标分解最基本的方式，适用于投资、进度、质量三个目标的分解。但是，三个目标分解的深度不一定完全一致。一般来说，将投资、进度、质量三个目标分解到单项工程和单位工程是比较容易办到的，其结果也是比较合理和可靠的。在施工图设计完成之前，目标分解至少都应当达到这个层次。至于是否分解到分部工程和分项工程，一方面取决于工程进度所处的阶段、资料的详细程度、设计所达到的深度等；另一方面还取决于目标控制工作的需要。

第二节 建设工程投资控制

一、建设工程投资的概念及构成

1. 建设工程投资的概念

建设工程投资，一般是指工程项目建设所需要的全部费用的总和。生产性建设工程总投资包括固定资产投资和流动资产投资两部分，即该建设工程有计划地进行固定资产再生产和形成相应无形资产和铺底流动资金的一次性费用总和。非生产性建设工程总投资只包括固定资产投资这一部分。

建设工程投资控制

2. 建设工程投资的构成

我国现行建设工程总投资的构成如图 5-4 所示。

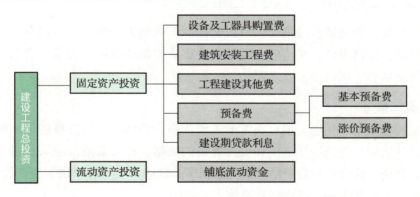

图 5-4 我国现行建设工程总投资的构成

固定资产投资可分为静态投资和动态投资两部分。其中，静态投资包括建筑安装工程费、设备及工器具购置费、工程建设其他费和基本预备费；而动态投资则包括建设期贷款利息、涨价预备费、新开征税费和汇率变动部分。

二、建设工程投资控制的概念与作用

1. 建设工程投资控制的概念

建设工程投资控制，是指在投资决策阶段、设计阶段、招标阶段和施工阶段以及竣

工阶段，把建设项目投资控制在批准的限额以内，随时纠正发生的偏差，以保证项目投资管理目标的实现，以求在各个建设项目中能合理地使用人力、物力、财力，取得较好的投资效益和社会效益。

建设工程投资控制工作，必须有明确的控制目标，并且在不同的控制阶段设置不同的控制目标。投资估算是设计方案选择和进行初步设计的投资控制目标；设计概算是进行技术设计和施工图设计的投资控制目标；施工图预算或建筑安装工程承包合同价则是施工阶段控制建筑安装工程投资的目标。有机联系的阶段目标相互制约、相互补充，前者控制后者，后者补充前者，共同组成建设工程投资控制的目标系统。

制定建设工程投资控制目标时，必须兼顾质量目标和进度目标。在保证质量、进度合理的前提下，把实际投资控制在目标值以内。

2. 建设工程投资控制的作用

1) 在管理上改善投资环境，实现投资监督，确保资金的合理使用，使资金和资源得到有效利用，以达到最佳的投资效益。

2) 促进施工单位实行内部管理体制改革，探索工程建设成本的降低措施，提高劳动生产率，加快工程进度，提高质量。

3) 积累资料，建立成本控制信息网络，为工程建设的进度、质量、投资控制提供反馈信息，为提高工程管理水平提供资料和依据。

三、建设工程项目决策阶段投资控制

建设工程项目的决策阶段是对项目投资控制影响最大的阶段，所以在决策阶段合理确定投资总额、控制投资，是监理工程师做好投资控制的基础。决策阶段的投资控制主要体现在投资估算、项目评价等方面。

1. 投资估算

建设工程投资估算是进行项目决策的主要依据，是建设项目投资的最高限额，是资金筹措、设计招标、优选设计单位和设计方案的依据。在决策阶段应采用适当的估算方法合理估算投资。建设工程投资估算的方法很多，例如资金周转率法、生产能力指数法、比例估算法、系数估算法、指标估算法等。

投资估算工作可分为项目规划阶段的投资估算、项目建议书阶段的投资估算、初步可行性研究阶段的投资估算、详细可行性研究阶段的投资估算。不同阶段所具备的条件、掌握的资料和投资估算的要求不同，因而投资估算的准确程度在不同阶段也不同。在项目规划阶段，投资估算的误差可大于±30%；在项目建议书阶段，投资估算的误差可控制在±30%以内；在初步可行性研究阶段，投资估算的误差可控制在±20%以内；在详细可行性研究阶段，投资估算的误差率应控制在±10%以内。

2. 项目评价

项目评价主要包括经济评价、环境影响评价和社会评价等内容。

(1) 经济评价 项目的经济评价是项目可行性研究的有机组成部分和重要内容，是项目决策科学化的重要手段。经济评价的目的是根据国民经济和社会发展战略，以及行业、地区发展规划的要求，在做好产品（服务）市场需求预测及厂址选择、工艺技术选择等工程技术研究的基础上，计算项目的效益和费用，通过多方案的比较，对拟建项目的财务可行性和经济合理性进行分析论证，做出全面的经济评价，为项目的科学决策提供依据。

(2) 环境影响评价 工程项目一般会引起项目所在地自然环境、社会环境和生态环境的变化，对环境状况、环境质量产生不同程度的影响。环境影响评价是在研究确定厂址方案和技术方案中，调查研究环境条件、识别和分析拟建项目影响环境的因素、研究并提出治理和保护环境的措施、比选和优化环境保护方案。

(3) 社会评价 社会评价是指分析拟建项目对当地社会的影响和当地社会条件对项目的适应性和可接受程度，评价项目的社会可行性。

社会评价适用于那些社会因素较复杂，社会影响较为显著，社会矛盾较为突出，社会风险较大的投资项目。

四、建设工程项目设计阶段投资控制

设计阶段既是确定投资额的重要阶段，也是投资控制的关键阶段。在设计阶段，监理企业投资控制的主要任务是通过收集类似项目的投资数据和资料，协助建设单位制定项目投资目标规划；开展技术经济分析活动，协调和配合设计单位，力求使设计投资合理化；审核概算，提出改进意见，优化设计，最终满足建设单位对项目投资的经济性要求。具体工作主要包括设计方案的优选、设计概算的编制与审查、施工图预算的编制与审查等。

1. 设计方案的优选

设计方案优选是设计阶段的重要工作内容，是控制项目投资的有效途径。设计方案优选的目的在于通过竞争和运用技术经济评价的方法，选出技术上先进、功能满足需要、经济上合理、使用安全可靠的设计方案。目前，国内优选设计方案主要采取设计招（投）标、设计方案竞选、限额设计、运用价值工程优化设计方案和对设计方案进行技术经济评价等方法来实现技术与经济的统一，以及建设工程投资对设计的主动控制。这里主要介绍价值工程理论和限额设计在设计阶段的应用。

(1) 价值工程及其在设计阶段的应用 价值工程，又称为价值分析，是运用集体智慧和有组织的活动，着重对产品的功能进行分析，使之以最低的总成本可靠地实现产品的必要功能，从而提高产品价值的一套科学的技术经济分析方法。这里的"价值"是指功能与实现这个功能所耗费用（成本）的比值。其表达式为

$$V = F/C$$

式中　V——价值；

F——功能；

C——成本。

1）价值工程的工作步骤大致可分为12步：价值工程对象选择；组成价值工程小组；制订工作计划；收集整理信息资料；功能系统分析；功能评价；提出改进方案；方案评价与选择；提案编写；审批；实施与检查；成果鉴定。这些步骤可概括为：准备阶段、分析阶段、创新阶段和实施阶段四个阶段。

2）同一工程项目可供选择的设计方案有多种，应用价值工程原理对各方案进行技术经济评价分析，确定既能保证必要功能又能降低成本的设计方案。优选过程分以下几个阶段：第一，对设计方案的功能进行分析和评价，计算出功能系数；第二，对设计方案的投资费用进行计算，确定成本系数；第三，利用价值公式，计算出价值系数；第四，利用价值系数，以价值系数最大的作为最优方案。

（2）限额设计的应用　限额设计是按照批准的投资估算控制初步设计，按照批准的初步设计总概算控制技术设计或施工图设计，同时各专业在保证达到使用功能的前提下，按分配的投资限额控制设计，严格控制技术设计和施工图设计的不合理变更，保证总投资限额不被突破。限额设计的控制对象是影响工程设计静态投资的项目。限额设计的主要内容包括：

1）投资决策阶段要提高投资估算的准确性，合理确定设计限额目标。

2）初步设阶段重视设计方案比选，把设计概算造价控制在批准的投资估算限额内。

3）施工图设计阶段要认真进行技术经济分析，使施工图设计预算控制在设计概算内。

4）加强设计变更管理。

5）限额设计□树立动态管理的观念。

2．设计概算的编制与审查

设计概算是指在初步设计或扩大初步设计阶段，根据设计要求对工程造价进行的概略计算，是设计文件的组成部分。设计概算是先做单位工程概算，然后再逐级汇总成单项工程综合概算及建设项目总概算。监理工程师审查工程概算前，必须熟悉概算编制方法。

（1）单位工程概算的主要编制方法

1）建筑工程概算的编制方法如下：

①扩大单价法。当初步设计达到一定深度，建筑结构比较明确时采用此法。它是根据初步设计图纸资料和概算定额的项目划分计算出工程量，然后套用概算定额单价（基价），计算汇总后再计取有关费用，便可得出单位工程概算造价。

②概算指标法。当初步设计深度不够，不能准确计算出工程量，但工程设计时采用的技术比较成熟而又有类似工程概算指标可以利用时，可采用此法。由于拟建工程往往与类似工程的概算指标的技术条件不尽相同，而且概算指标编制年份的设备、材料、人工等价格与拟建工程当时当地的价格也不会完全一样，因此应用概算指标时，应根据具

体情况进行调整。

2）设备购置及设备安装工程概算的编制方法如下：

①设备购置概算的编制方法。设备购置费包括设备原价和运杂费。国产标准设备的原价一般是根据设备的型号、规格、性能、材质、数量及附带的配件，向制造厂家询价或向设备、材料信息部门查询或按主管部门规定的现行价格逐项计算。非主要标准设备和工器具、生产家具的原价可按主要标准设备原价的百分比计算，百分比指标按主管部门或地区有关规定执行。非标准设备的原价可以用不同的指标法进行计算。

②设备安装工程概算的编制方法。设备安装工程概算的编制方法主要有：预算单价法、扩大单价法、设备价值百分比法和综合吨位指标法等多种编制方法。

（2）单项工程综合概算的编制方法　单项工程综合概算是以其所属的建筑工程概算表和设备安装工程概算表为基础汇总编制的。当建设项目只有一个单项工程时，单项工程综合概算还包括工程建设其他费用、预备费的概算。单项工程综合概算的内容主要有：编制说明、综合概算表。

（3）建设项目总概算的编制方法　建设项目总概算是确定整个建设项目从筹建到竣工交付使用所预计花费的全部费用的文件，由组成建设项目的各单项工程综合概算及工程建设其他费用和预备费等汇总编制而成。

（4）建设项目概算审查　监理工程师对建设项目的概算应进行审查。审查概算有利于核定建设项目的投资规模，可以使建设项目总投资做到准确、完整，防止任意扩大投资规模或出现漏项，从而减少投资缺口、缩小概算与预算之间的差距，避免故意压低概算投资导致实际造价大幅度地突破概算。建设项目概算审查主要包括审查编制依据、编制深度、建设规模和标准、工程量、计价指标等多方面的内容。

3. 施工图预算的编制与审查

施工图预算是设计阶段控制工程造价的重要环节，是施工图设计不突破设计概算的重要措施。其编制方法主要有单价法和实物法两种。

（1）单价法　单价法是用事前编制好的分项工程单位估价表来编制施工图预算的方法。按施工图计算各分项工程的工程量，并乘以相应的各分项工程的预算单价，汇总相加，得到单位工程的人工费、材料费、机械使用费之和；再加上按规定程序计算出来的间接费、措施费、企业管理费、规费、利润和税金，便可得出单位工程的施工图预算造价。这种方法允许按当时当地的人、材、机单价调整价差，其基本步骤如图5-5所示。

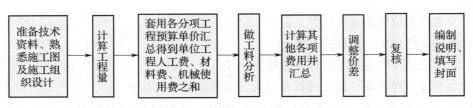

图5-5　单价法编制施工图预算的基本步骤

（2）实物法　采用实物法时，首先根据施工图纸分别计算出分项工程量，然后套用相应预算人工、材料、机械台班的定额用量，计算出人工、材料、机械台班的消耗量，再分别乘以工程所在地当时的人工、材料、机械台班的实际单价，求出单位工程的人工费、材料费和施工机械使用费，并汇总求和，进而求得直接工程费；然后按规定计取其他各项费用，最后汇总就可得出单位工程施工图预算造价。实物法编制施工图预算的基本步骤如图5-6所示。

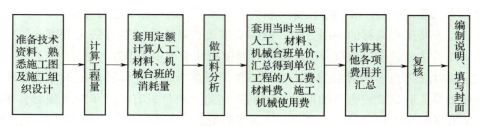

图5-6　实物法编制施工图预算的基本步骤

施工图预算的审查重点是施工图预算的工程量计算是否准确、定额或单价套用是否合理、各项取费标准是否符合现行规定等方面。审查可采用全面审查、筛选审查、对比审查、重点审查等多种方式，以保证投资控制的有效性。

五、建设工程项目招标阶段投资控制

监理工程师在工程招（投）标阶段投资控制的主要工作是协助建设单位编制招标文件、标底，进行评标，分析投标单位的情况，并向建设单位推荐合理的报价；协助建设单位与承包商签订工程承包合同，对投标单位的报价进行分析。监理工程师必须掌握报价的形成过程，这里重点介绍工程量清单和标底的编制原理。

1. 工程量清单

（1）工程量清单的概念和作用　工程量清单是建设工程的分部分项工程项目、措施项目、其他项目、规费项目和税金项目的名称及相应数量等的明细清单，由分部分项工程量清单、措施项目清单、其他项目清单、规费项目清单、税金项目清单组成。在招（投）标阶段，招标人发布的工程量清单为投标人的投标竞争提供了一个平等和共同的基础。工程量清单将要求投标人完成的工程项目及其相应工程实体数量全部列出，为投标人提供了拟建工程的基本内容、实体数量和质量要求等信息。工程量清单的作用主要有：

1）为投标单位提供一个公开、公平、公正的竞争环境。
2）是计价和询标、评标的基础。
3）为施工过程中支付工程进度款提供依据。
4）为办理工程结算、竣工结算及工程索赔提供了重要依据。
5）设有标底价格的招标工程，招标人利用工程量清单编制标底价格，供评标时参考。

(2) 工程量清单编制原则

1) 能满足工程建设施工招（投）标计价的需要，能加强社会主义市场经济条件下工程造价的合理确定和有效控制。

2) 编制工程量清单要做到工程量计算规则、分部分项工程分类、计量单位三统一。

3) 能满足控制实物工程量要求，实行市场竞争调节价格运行的机制。

4) 能促进企业经营管理和技术进步，增加施工企业在国际、国内建筑市场的竞争能力。

5) 有利于规范建筑市场的计价行为。

6) 适度考虑我国目前工程造价管理工作的现状。

2. 标底的编制和审查

标底是指由招标单位自行编制或委托具有编制标底资格和能力的中介机构代理编制，并按规定上报、审定的招标工程的预期价格，而非交易价格。

(1) 编制标底应遵循的原则

1) 根据国家公布的统一工程项目划分、统一计量单位、统一计算规则及施工图纸、招标文件，并参照国家制定的基础定额和国家、行业、地方的技术标准规范，以及市场价格确定工程量和编制标底。

2) 按招标文件规定的工程项目类别计价。

3) 应力求与市场的实际变化相匹配，要有利于竞争和保证工程质量。

4) 标底应控制在批准的总概算（或修正概算）及投资包干的限额内。

5) 标底应考虑人工、材料、设备、机械台班单价等价格变化因素，还应包括措施费、间接费、利润和税金，以及不可预见费。采用固定价格的还应考虑工程的风险金等。

6) 一个工程只能编制一个标底。

7) 标底编制完成之后，应密封报送招标管理机构审定。审定后必须及时妥善封存，直至开标时，所有接触过标底价格的人员均负有保密责任，不得泄露。

(2) 标底的编制方法　建设工程标底的编制方法主要有工料单价法和综合单价法。

1) 工料单价法。根据施工图纸及技术说明，按照预算定额的分部分项工程子目逐项计算出工程量，再套用定额单价（或单位估价表）确定分部分项工程费，然后按规定的费用定额确定其他措施费、企业管理费、规费、利润和税金，加上材料调价系数和适当的不可预见费，汇总后即为工程预算，作为标底的基础。然后，综合考虑工期与质量要求、材料市场价格变化、当地自然地理条件和招标工程范围等因素加以调整、确定标底。

2) 综合单价法。利用综合单价法编制标底时，其各分部分项工程的单价应包括人工费、材料费、机械费、措施费、企业管理费、规费、有关文件规定的调价、利润、税金，以及采用固定价格的风险金等全部费用。综合单价确定后，再与各分部分项工程量相乘汇总，即可得到标底价格。

(3) 标底审查　对于实行招标承包的工程项目，必须加强标底的审查。未经招标管理机构审查的标底一律无效。标底的审查内容主要包括工程量的审查和单价的审查。其审查方法与概（预）算的审查方法基本相同。

六、建设工程项目施工阶段投资控制

工程建设施工阶段既是资金投放量最大的阶段,又是合同双方利益冲突最大的阶段,再加上施工阶段持续时间长、动态性强等特点,对施工阶段进行投资控制是非常重要的。监理工程师在工程项目施工阶段投资控制的主要工作包括编制资金使用计划、工程计量、工程款支付、工程变更、工程索赔等。

1. 编制资金使用计划

在施工阶段进行投资控制的基础和前提是合理确定资金使用计划。资金使用计划编制过程中最重要的步骤是项目投资目标的分解。根据投资控制目标和要求的不同,投资目标的分解可以分为按投资构成、按子项目、按时间进度分解三种类型。

(1) 按投资构成分解的资金使用计划 建设工程投资构成主要包括建筑工程投资、建筑安装工程投资、设备及工器具购置投资以及工程建设其他投资。建设工程投资总目标可以按图5-7分解。这种分解方法主要适合于有大量经验数据的工程项目。

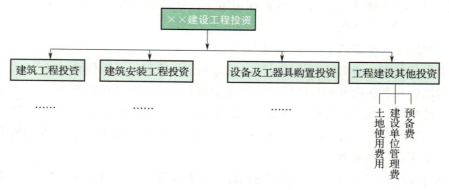

图5-7 按投资构成分解的资金使用计划

(2) 按子项目分解的资金使用计划 大中型工程项目通常是由若干单项工程组成的,而每个单项工程包括了多个单位工程,每个单位工程又是由若干个分部分项工程所组成的,因此建设工程投资可以按图5-8分解。

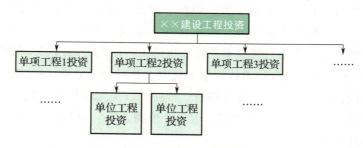

图5-8 按子项目分解的资金使用计划

(3) 按时间进度分解的资金使用计划 建设工程投资是分阶段、分期支出的,资金应用是否合理与资金的使用时间安排有密切关系。编制按时间进度分解的资金使用计划,通常先确定工程施工进度计划，然后在此基础上按时间－投资累计曲线的形式做出投资计划。其基本步骤：

1) 确定工程施工进度计划。

2) 根据每单位时间内完成的工程量或投入的人力、物力和财力，计算单位时间的投资，在时标网络上按时间编制投资支出计划。

3) 计算规定时间点的计划累计完成的投资额。

4) 按各规定时间的计划累计完成的投资额绘制 S 形曲线。例如，在某项目的每月资金使用计划的基础上计算出累计投资后绘制的 S 形曲线，如图 5-9 所示。

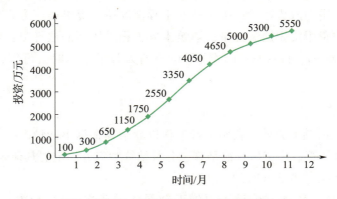

图 5-9　时间－投资累计曲线（S 形曲线）

在绘制 S 形曲线时，与累计投资对应的时间是工程施工进度计划的最早可能开始时间和最迟必须开始时间，因此可得到两条时间－投资累计曲线，俗称"香蕉图"。利用"香蕉图"对投资状况进行检查和控制的基本原理是：实际的时间－投资累计曲线若在"香蕉图"的两条曲线以内，说明投资实施正常；反之若在"香蕉图"的两条曲线之外，则表明投资有偏差。

2. 工程计量

采用单价合同的承包工程，工程量清单中的工程量只是在图纸和规范基础上的估算值，不能作为工程款结算的依据。实际工程款结算前，监理工程师应对已完工程量进行计量，作为工程款结算的凭证。工程计量既是控制工程项目投资支出的关键环节，又是约束承包商履行合同义务的手段。

(1) 计量程序　除专用合同条款另有约定外，单价合同的计量按照以下约定执行：

1) 承包人应于每月 25 日向监理人报送上月 20 日至当月 19 日已完成的工程量报告，并附具进度付款申请单、已完成工程量报表和有关资料。

2) 监理人应在收到承包人提交的工程量报告后 7 天内完成对承包人提交的工程量报表的审核并报送发包人，以确定当月实际完成的工程量。监理人对工程量有异议的，有权要求承包人进行共同复核或抽样复测。承包人应协助监理人进行复核或抽样复测，并按监理人要求提供补充计量资料。承包人未按监理人要求参加复核或抽样复测的，监理人复核或修正的工程量视为承包人实际完成的工程量。

3）监理人未在收到承包人提交的工程量报表后的 7 天内完成审核的，承包人报送的工程量报告中的工程量视为承包人实际完成的工程量，据此计算工程价款。

（2）计量原则　工程量计量按照合同约定的工程量计算规则、图纸及变更指示等进行。工程量计算规则应以相关的国家标准、行业标准等为依据，由合同当事人在专用合同条款中约定。

（3）计量方法　工程计量方法主要有均摊法、凭据法、断面法、图纸法和分解计量法。监理工程师对工程项目进行计量时，应根据不同的计量内容采用不同的计量方法。例如，为监理工程师提供宿舍、保养测量设备、保养气象记录设备、维护工地清洁和整洁等的费用主要采用均摊法计量；提供建筑工程保险费、提供第三方责任险保险费、提供履约保证金等的费用按凭据法计量；填筑土方工程采用断面法计量；混凝土的体积等按图纸法计量；若一个项目根据工序或部位分解为若干子项时，可以使用分解计量法计量。

3. 工程款支付

（1）工程价款的结算方式　我国现行工程价款结算根据不同情况，可采取多种结算方式，主要有按月结算、竣工后一次结算、分段结算和双方约定的其他结算方式。

（2）工程价款支付方法和时间

1）工程预付款。我国《建设工程施工合同（示范文本）》（GF—2017—0201）规定，预付款的支付按照专用合同条款约定执行，但至迟应在开工通知载明的开工日期 7 天前支付。预付款应当用于材料、工程设备、施工设备的采购及修建临时工程、组织施工队伍进场等。

除专用合同条款另有约定外，预付款在进度付款中同比例扣回。在颁发工程接收证书前，提前解除合同的，尚未扣完的预付款应与合同价款一并结算。

发包人逾期支付预付款超过 7 天的，承包人有权向发包人发出要求预付的催告通知；发包人收到通知后 7 天内仍未支付的，承包人有权暂停施工，并按发包人违约处理。

工程预付款的额度可以按合同约定的比例支付，原则上预付款的比例不低于合同金额的 10%，不高于合同金额的 30%。在实际工程中，工程预付款的数额是根据工程的特点、工期长短、市场行情、供求规律等因素确定工程预付款的百分比。

发包方拨付给承包方的预付款属于预支性质，随着工程的推进，预付款需要陆续扣回，抵扣方式由双方在合同中约定。扣款的主要方法有等额或等比率扣回、一次性扣回、确定起扣点以后分次扣回。下面介绍确定起扣点以后分次扣回的方法。

①起扣点的确定。起扣点可按下式计算：

$$T = P - (M/N)$$

式中　T——起扣点，即预付款起扣时累计已完成工程金额；

P——承包工程合同总额；

M——预付款总额；

N——主要材料所占比重。

②应扣工程预付款数额的确定。应扣工程预付款数额按下列公式计算:

第一次应扣预付款数额 =（累计已完工程价值 - 起扣点）× 主要材料所占比重

第二次及以后各次应扣预付款数额 = 每次结算的已完工程价值 × 主要材料所占比重

2）工程进度款支付。《建设工程施工合同（示范文本）》中对工程进度款支付做了如下规定：承包人按照约定的时间按月向监理人提交进度付款申请单，并附上已完成工程量报表和有关资料。

监理人应在收到承包人进度付款申请单以及相关资料后7天内完成审查并报送发包人，发包人应在收到后7天内完成审批并签发工程款支付证书（详见附录Ⅰ表A.0.8）。发包人逾期未完成审批且未提出异议的，视为已签发工程款支付证书。

发包人和监理人对承包人的进度付款申请单有异议的，有权要求承包人修正和提供补充资料，承包人应提交修正后的进度付款申请单。监理人应在收到承包人修正后的进度付款申请单及相关资料后7天内完成审查并报送发包人，发包人应在收到监理人报送的进度付款申请单及相关资料后7天内，向承包人签发无异议部分的临时工程款支付证书。

发包人应在工程款支付证书或临时工程款支付证书签发后14天内完成支付，发包人逾期支付进度款的，应按照中国人民银行发布的同期同类贷款基准利率支付违约金。

3）工程质量保证金的预留与返还。工程质量保证金是指发包人与承包人在建设工程承包合同中约定或施工单位在工程保修书中承诺，在建筑工程竣工验收交付使用后，从应付的建设工程款中预留的用以维修建筑工程在保修期限内和保修范围内出现的质量问题的资金。质量保证金的扣留有以下三种方式：在支付工程进度款时逐次扣留，在此情形下，质量保证金的计算基数不包括预付款的支付、扣回以及价格调整的金额；工程竣工结算时一次性扣留质量保证金；双方约定的其他扣留方式。除专用合同条款另有约定外，质量保证金的扣留原则上采用上述第一种方式。

发包人累计扣留的质量保证金不得超过结算合同价格的5%，如承包人在发包人签发竣工付款证书后28天内提交质量保证金保函的，发包人应同时退还扣留的作为质量保证金的工程价款。

4）竣工结算。承包人应在工程竣工验收合格后28天内向发包人和监理人提交竣工结算申请单，并提交完整的结算资料。竣工结算申请单应包括以下内容：竣工结算合同价格；发包人已支付承包人的款项；应扣留的质量保证金；发包人应支付承包人的合同价款。

监理人应在收到竣工结算申请单后14天内完成核查并报送发包人。发包人应在收到监理人提交的经审核的竣工结算申请单后14天内完成审批，并由监理人向承包人签发经发包人签认的竣工付款证书。监理人或发包人对竣工结算申请单有异议的，有权要求承包人进行修正和提供补充资料，承包人应提交修正后的竣工结算申请单。

发包人在收到承包人提交竣工结算申请单后28天内未完成审批且未提出异议的，视为发包人认可承包人提交的竣工结算申请单，并自发包人收到承包人提交的竣工结算申请单后第29天起视为已签发竣工付款证书。

发包人应在签发竣工付款证书后的14天内，完成对承包人的竣工付款。发包人逾期支付的，按照中国人民银行发布的同期同类贷款基准利率支付违约金；逾期支付超过56天的，按照中国人民银行发布的同期同类贷款基准利率的两倍支付违约金。

4. 工程变更

工程变更包括设计变更、进度计划变更、施工条件变更以及原招标文件和工程量清单中未包括的"新增工程"。发包人和监理人均可以提出变更。变更指示均通过监理人发出，监理人发出变更指示前应征得发包人同意。承包人收到经发包人签认的变更指示后，方可实施变更。未经许可，承包人不得擅自对工程的任何部分进行变更。由于工程变更而产生的变更价款按以下原则和程序确定：

（1）变更估价的原则　　除专用合同条款另有约定外，变更估价按照以下约定处理：

1）已标价工程量清单或预算书中有相同项目的，按照相同项目单价认定。

2）已标价工程量清单或预算书中无相同项目，但有类似项目的，参照类似项目的单价认定。

3）变更导致实际完成的变更工程量与已标价工程量清单或预算书中列明的该项目工程量的变化幅度超过15%的，或已标价工程量清单或预算书中无相同项目及类似项目单价的，按照合理的成本与利润构成的原则，由合同当事人协商确定变更工作的单价。

（2）变更估价的程序　　承包人应在收到变更指示后14天内，向监理人提交变更估价申请。监理人应在收到承包人提交的变更估价申请后7天内审查完毕并报送发包人，监理人对变更估价申请有异议的，通知承包人修改后重新提交。发包人应在承包人提交变更估价申请后14天内审批完毕。发包人逾期未完成审批或未提出异议的，视为认可承包人提交的变更估价申请。

因变更引起的价格调整应计入最近一期的进度款中支付。

5. 工程索赔

工程索赔是指在合同履行过程中，对于并非自己的过错，而是应由对方承担责任的情况造成的实际损失向对方提出经济补偿和（或）时间补偿的要求。索赔的性质属于经济补偿行为，而不是惩罚。

（1）监理工程师处理索赔的一般原则

1）处理双方所提出的索赔必须以合同为依据。

2）必须注意资料的积累。

3）及时、合理地处理索赔。

4）加强主动监理，减少工程索赔。

（2）对承包人索赔的处理　　承包人有权向发包人提出得到追加付款和（或）延长工期的索赔，费用索赔报审表的格式详见附录Ⅰ表B.0.13。

1）监理人应在收到索赔报告后14天内完成审查并报送发包人。监理人对索赔报告存在异议的，有权要求承包人提交全部原始记录的副本。

2）发包人应在监理人收到索赔报告或有关索赔的进一步证明材料后的 28 天内，由监理人向承包人出具经发包人签认的索赔处理结果。发包人逾期未答复的，则视为认可承包人的索赔要求。

3）承包人接受索赔处理结果的，索赔款项在当期进度款中进行支付；承包人不接受索赔处理结果的，按照争议解决约定处理。

（3）对发包人索赔的处理　发包人有权向承包人提出赔付和（或）延长缺陷责任期限的索赔要求。

1）承包人收到发包人提交的索赔报告后，应及时审查索赔报告的内容、查验发包人证明材料。

2）承包人应在收到索赔报告或有关索赔的进一步证明材料后 28 天内，将索赔处理结果答复发包人。如果承包人未在上述期限内做出答复的，则视为对发包人索赔要求的认可。

3）承包人接受索赔处理结果的，发包人可从应支付给承包人的合同价款中扣除赔付的金额或延长缺陷责任期；发包人不接受索赔处理结果的，按争议解决约定处理。

6. 施工阶段投资控制要点

（1）事前控制　投资事前控制的目的是进行工程风险预测，并采用相应的防范性对策，尽量减少施工单位提出索赔的可能。监理工程师应做好下列事前控制工作：

1）建立项目监理的组织保证体系，落实进行投资跟踪、现场监督和控制的监理人员，明确职责和任务。

2）熟悉设计图纸、设计要求、标书，分析合同价的构成因素，明确工程费用最易突破的部分和环节或最易发生费用索赔的原因和部位，从而明确投资控制的重点，制定防范措施。

3）协助建设单位严格执行合同规定条件，按期提交施工现场，使施工单位能按期开工、正常施工、连续施工。及时提供设计图纸等技术资料，尽可能避免违约现象的发生，不要造成违约的条件，防止增加投资。

（2）事中控制

1）按照合同规定，及时答复施工单位提出的问题及要求，主动做好协调配合工作，不要造成违约和对方索赔的条件。

2）严格执行工程变更。由设计单位、建设单位或施工单位提出的设计变更，均应履行变更手续，并按规定进行工程变更价款的计算与支付。

3）严格执行工程计量和工程款支付程序：一是及时对已完工的工程进行计量验方，不要造成未经监理工程师验方就承认其完成数量的被动局面；二是按合同规定，及时对施工单位支付进度款。

4）在施工过程中进行投资跟踪，控制计划的执行，每月进行投资计划分析，并定期提供投资报表。

5）进行工程费用超支分析，并提出控制工程费用突破的方案和措施。

6）定期向总监理工程师、建设单位报告工程投资动态情况。

（3）事后控制

1）审核施工单位提交的工程结算书。

2）公正地处理施工单位提出的索赔。

七、竣工决算

建设工程竣工决算是指在竣工验收交付使用阶段，由建设单位编制的建设项目从筹建到竣工投产或使用全过程的全部实际支出费用的经济文件。它是建设单位反映建设项目实际造价和投资效果的文件，是竣工验收报告的重要组成部分。

1. 竣工决算的内容

工程竣工决算的内容包括竣工决算报表、竣工决算报告说明、工程竣工图和工程造价比较分析四部分。大中型建设项目的竣工决算报表一般包括建设项目竣工财务决算审批表、竣工工程概况表、竣工财务决算表、建设项目交付使用资产总表、工程项目交付使用资产明细表；小型建设项目的竣工决算报表则由建设项目竣工财务决算审批表、竣工财务决算总表和交付使用资产明细表组成。

2. 工程竣工决算的编制步骤

竣工决算的编制步骤包括：

1）收集、整理和分析有关依据资料。

2）清理各项账务、债务和结余物资。

3）填写竣工决算报表。

4）编写建设工程竣工决算说明书。

5）上报主管部门审查。

八、案例

案例1

背景

某地基强夯处理工程，主要的分项工程包括开挖土方、填方、点夯、满夯等，由于工程量无法准确确定，签订的施工承包合同采用单价合同。根据合同的规定，承包商必须严格按照施工图及承包合同规定的内容及技术要求施工，工程量由监理工程师负责计量，工程款根据承包商取得计量证书的工程量进行结算。工程开工前，承包商向监理工程师提交了施工组织设计和施工方案并得到批准。为了搞好该项目的投资控制，监理工程师在监理规划中提出了以下投资控制要点：

（1）确定投资控制目标，编制资金使用计划。

（2）定期进行实际资金支出与计划投资的比较分析。

（3）认真审核承包商提交的变更单价。

(4) 严格审查工程的计量支付。

(5) 公正处理索赔事宜。

问题

1. 上述投资控制的要点是否已经足够全面？为什么？

2. 根据该工程的合同特点，监理工程师提出计量支付的程序要点如下，试改正其不恰当和错误的地方：

(1) 对已完分项工程向建设单位申请质量认证。

(2) 在协议约定的时间内向监理工程师申请计量。

(3) 监理工程师对实际完成的工程量进行计量，签发计量证书给承包商。

(4) 承包商凭质量认证和计量证书向建设单位提出付款申请。

(5) 监理工程师复核申报资料，确定支付款额，批准向承包商付款。

3. 在工程施工过程中，当进行到施工图所规定的处理范围边缘时，承包商为了使夯击质量得到保证，将夯击范围适当扩大。施工完成后，承包商将扩大范围内的施工工程量向监理工程师提出计量付款的要求，但遭到监理工程师的拒绝。试问监理工程师为什么会做出这样的决定？

4. 在施工过程中，承包商根据监理工程师指示就部分工程进行了变更施工，试问变更部分的合同价款应根据什么原则进行确定？

5. 在土方开挖过程中，有两项重大原因使工期发生较大的拖延：一是土方开挖时遇到了一些在工程地质勘探中没有探明的孤石，排除孤石拖延了一定的时间；二是施工过程中遇到数天的正常季节小雨，由于雨后土壤含水率过大不能立即进行强夯施工，从而耽误了部分工期。随后，承包商按照正常索赔程序向监理工程师提出了延长工期并补偿停工期间窝工损失的要求。试问监理工程师是否应该受理这两起索赔事件？为什么？

案例2

背景

在某大厦建设工程施工阶段，总监理工程师编制了监理规划，为了有效地进行造价控制，特派一名监理工程师定期进行造价计划值与实际值的比较。当实际值偏离计划值时，就分析其产生偏差的原因，并采取相应的纠偏措施，使造价超支尽可能减小。监理工程师在工程结束后总结本次监理过程出现投资偏差的原因有当地工人工资的涨价、设计错误、增加了施工内容、赶工、施工期间法规的变化、施工方案不当、建设单位未及时提供场地、建设手续不全、利率变化、基础加固处理以及施工中使用代用材料等。

问题

1. 产生投资偏差的原因有哪些？

2. 监理工程师对投资偏差进行分析的目的是什么？

3. 案例中发生的偏差各属于哪些原因？

4. 纠偏的主要对象是什么？

5. 针对以上发生偏差的原因，哪些原因引起的偏差是主要纠偏对象？

第三节 建设工程进度控制

一、建设工程进度控制的含义

进度控制是指在实现建设项目总目标的过程中,为使工程建设的实际进度符合项目进度计划的要求,对工作程序和持续时间进行规划、实施、检查、调整等一系列监督管理活动的总称。建设工程项目的进度控制,是建设工程监理活动中的一项重要而复杂的任务,是监理工程师的三大目标控制的重要组成之一。具体来讲,其含义可以从以下两方面理解:

1)建设工程进度控制的总目标是实现建设项目按要求的计划时间动用。这个时间由监理合同来约定,既可以是立项到项目正式启用的整个计划时间,也可能是某个实施阶段的计划时间(如设计阶段或施工阶段的计划工期)。

2)建设工程进度控制是贯穿于工程建设的全过程、全方位的系统控制,它涉及建设项目的各个方面,是全面的进度控制,即要对建设的全过程、对整个项目结构、对有关工作的实施进度、影响进度的各种因素进行控制和组织协调。

二、进度控制的作用与任务

1. 进度控制的作用

建设工程项目能否在预定的工期内竣工交付使用,既是投资者十分关心的问题之一,也是建设单位、监理企业、承包商共同控制的目标之一,它对投资的经济效益和工程质量均有很大的影响。

工程建设项目进度控制的重要作用是:

(1)有利于尽快发挥投资效益 进度控制在一定程度上提供了项目按预定时间交付使用的保证,它对于尽快发挥投资经济效益起着重要作用。例如生产性建设项目,若能按预定的工期交付投产,便可以用生产出的产品增加社会效益,为企业增加经济效益,为国家增加利税收入。若进度失控或拖延工期,将会造成投资的失控和时间的浪费,往往还会给企业和国民经济带来损失。

(2)有利于保障良好的经济秩序 建设工程项目具有投资大、工期长、消耗多的特点,如果有一定比例的投资项目进度失控,不仅将危害工程建设项目的本身,而且还会影响整个国民经济正常健康的发展,打乱正常的经济秩序。

(3)有利于提高企业的经济效益 "时间就是金钱,效率就是生命",在市场竞争机制条件下,时间的经济效益已被广大承包商所重视。对于施工单位来讲,严格按照施工合同进行施工,不仅体现了施工单位的竞争实力、科学组织生产和管理的能力、信誉和自我价值,而且在建设工程进度控制的过程中,使企业成本得到降低、经济效益得到提高。

2. 进度控制的任务

建设工程项目的进度目标，实质上是监理工程师在对建设单位要求的工期和投产时间、资金到位计划、设备进场计划、国家颁布的定额、工程量与工程复杂程度、建设规模、工程地质、水文地质、建设地区气候等因素进行科学分析的基础上，求得的本工程建设项目的最佳建设工期。工程建设项目的最佳建设工期确定后，监理工程师进度控制的任务就是根据进度目标确定实施方案。

根据建设阶段的不同，进度控制的任务是：

（1）设计阶段进度控制的主要任务　根据项目总工期的要求，协助建设单位确定合理的设计工期；按合同要求及时、准确、完整地提供设计所需的各种技术资料；协调各设计单位开展设计工作，力求使设计按计划进度进行；协调有关问题保证设计顺利进行。

（2）招（投）标阶段进度控制的主要任务　通过编制施工招标文件、编制标底、做好投标单位资格预审、组织评标与定标、参加合同谈判等工作，按照公开、公正、公平竞争的原则，协助建设单位选择理想的承包商，以期能以合理的价格、先进的技术、较高的管理水平、较短的时间、较好的质量来完成工程施工任务。

（3）施工阶段进度控制的主要任务　通过完善项目控制性进度计划、审查施工单位进度计划、做好各项动态控制工作、协调各单位关系、预防和处理好工期索赔，力求实际进度满足计划进度要求。具体而言，施工过程中进度控制的任务是进行进度规划、进度控制和进度协调。

1）进度规划。制订工程建设项目施工总计划是一项影响工程建设项目全局，且十分重要而细致的工作，必须由经验丰富的监理工程师组织编制。进度规划的编制，涉及建设工程投资、设备材料供应、施工现场布置、主要施工机械、劳动组合、各附属设施的施工、各施工安装单位的配合及建设项目投产的时间要求等。监理工程师应对这些综合因素要全面考虑、科学组织、合理安排、统筹兼顾。

2）进度控制。在建设工程项目实施中，监理工程师应比较建设项目的计划进度与实际进度，如发现实际进度与计划进度有偏离，应及时采取有效措施加以纠正。在进度控制过程中，监理工程师要把实际进度当作一件大事来抓，要有预见性和预防措施，预防可能发生的进度偏离事件，要事前做好周密的准备工作和制订完善的计划，切实做到严格执行进度计划，确保工程按期或提前完成。

3）进度协调。监理工程应对整个建设项目中各安装、土建等施工单位之间，总包单位与分包单位之间，分包单位与分包单位之间的进度搭接，在时间、空间上进行协调。这些都是相互联系、相互制约的因素，对工程建设项目的实际进度都有直接影响，必须要协调好它们之间的关系。这些方面既是施工单位在进度控制中的任务，又是项目监理工程师的重要任务。

三、影响工程进度控制的主要因素

影响工程进度控制的因素很多，如工程施工计划、技术力量、地形地质、气候条件、人员素质、材料供应、管理水平、资金流通、设备运转情况、特殊风险等，其主要可划分为承包人的原因、建设单位的原因、监理工程师的原因和其他特殊原因。

1. 承包人的原因

1）承包人在合同规定的时间内，未能按时向监理工程师提交符合监理工程师要求的工程施工进度计划。

2）承包人由于技术力量、机械设备和建筑材料的变化，或对工程承包合同及施工工艺等不熟悉，造成承包人违约而引起的停工或施工缓慢。

3）工程施工过程中，由于各种原因使工程进度不符合工程施工进度计划时，承包人未能按监理工程师的要求，在规定的时间内提交修订的工程施工进度计划，使后续工作无章可循。

4）承包人对工程质量不重视，质检系统不完善，质量意识不强，工程出现质量事故，对工程施工进度造成严重影响。

2. 建设单位的原因

在工程施工的过程中，建设单位如未能按工程承包合同的规定履行义务，也将严重影响工程施工进度计划，甚至会造成承包人终止合同。建设单位的原因主要表现在以下方面：

1）建设单位未能按监理工程师同意的工程施工进度计划随工程进展向承包人提供施工所需的现场和通道。这种情况不仅使工程施工进度计划难以实现，而且还会容易导致工程延期和索赔事件的发生。

2）由于建设单位的原因，未能在合理的时间内向承包人提供施工图和指令，给工程施工带来困难；或承包人已进入施工现场开始施工，由于设计发生变更，但变更设计图没有及时提交给承包人，从而严重影响工程施工进度。

3）工程施工过程中，建设单位未能按合同规定期限支付承包人应得的款项，造成承包人无法正常施工或暂停施工。

3. 监理工程师的原因

监理工程师的主要职责是对建设项目的投资、质量、进度目标进行有效的控制，对合同、信息进行科学的管理。但是，由于监理工程师业务素质不高，工作中出现失职、判断或指令错误，或未按程序办事等原因，也将严重影响工程施工进度。

4. 其他特殊原因

1）未预见的额外的或附加的工程造成的工程量追加，必将打破原计划工期，影响原定的工程施工进度计划，如未预见的地下构筑物的处理、开挖基坑土石方量增加、土石的比例发生较大的变化、简单的结构形式改为复杂的结构形式等。

2）在工程施工过程中，遇到异常恶劣的气候条件，如台风、暴雨、高温、严寒等。

3）无法预测和防范的不可抗力的作用，以及特殊风险的出现，如战争、政变、地震、暴乱等。

另外，组织协调与进度控制密切相关，二者都是为建设目标的最终实现服务的。在建设工程三大目标控制中，组织协调对进度控制的作用最为突出，而且最为直接，有时甚至能取得常规控制措施难以达到的效果。因此，为了更加有效地进行进度控制，还应做好有关建设各方面的协调工作。

四、进度控制的主要工作

在工程项目施工阶段，施工单位必须先行编制施工组织设计或专项施工方案，填写施工组织设计/（专项）施工方案报审表（详见附录Ⅰ表B.0.1），并报监理企业进行审批。施工组织设计是一种指导施工的全面的技术经济文件，它对施工活动的顺利开展具有极其重要的意义，其中工程施工进度计划的控制是施工组织设计的重要组成部分。根据建设工程项目的进度控制实践，进度控制的要点主要是工程施工进度计划的编制、工程施工进度计划的审批和工程施工进度计划的检查与调整。

1. 工程施工进度计划的编制

工程施工进度计划是表示施工项目中各单位工程和各分项工程的施工顺序、开（竣）工时间以及相互衔接关系的计划。施工单位在中标后，应按照合同规定的总工期编制工程施工进度计划表，并在规定的期限内送达监理工程师审批，经监理工程师审查、施工单位修订后，可作为建设工程项目进度控制的标准。

工程施工进度计划可根据建设工程项目实施的不同阶段，分别编制总体进度计划及年、月、旬进度计划；对于某些起控制作用的关键工程建设项目，必要时还应单独编制工程施工进度计划。

2. 工程施工进度计划的审批

监理工程师在接到施工单位提交的工程施工进度计划之后，应对工程施工进度计划进行认真的审核。审核进度计划的目的是检查施工单位所制订的进度计划是否合理，是否适合建设工程项目的实际条件和施工现场的情况，避免以不切实际的工程施工进度计划来指导工程施工。因此，监理工程师对承包人提交的工程施工进度计划，重点应审核施工单位实施计划的能力及施工时间安排的合理性。

（1）工程施工进度计划的审查　监理工程师在接到承包人的工程施工进度计划后，应立即组织有关人员进行认真审查，审查工作一般可按以下程序进行：

1）仔细阅读文件，列出存在的问题，进行调查了解。
2）对列出的问题，逐一与承包人进行讨论，解决或澄清问题。
3）对确实有问题的部分进行分析，向承包人提出修改性意见。

（2）审核工程施工进度计划的内容

1）进度计划安排是否符合项目总进度计划中总目标和分解目标的要求，是否符合施工合同中开（竣）工日期的规定。
2）施工顺序是否符合施工程序；劳动力、材料、构（配）件、机具和设备的供应计划是否保证工程施工进度计划的需要，供应是否均衡，在高峰期是否具有足够的能力实现计划供应。

3）建设单位资金供应能力是否满足进度需要；建设单位提供的场地条件、物质的供应能力特别是国外进口设备的到货时间与进度计划是否能衔接上；是否有造成建设单位违约而导致索赔的可能。

4）总（分）包单位分别编制的各项工程施工进度计划之间是否协调，专业分工与计划衔接是否合理；与设计单位的图纸供应进度是否一致。

经审查后，若存在问题，监理单位应提出书面修改意见（也称整改通知书），并协助施工单位修改，其中重大问题应及时向建设单位汇报。

（3）对工程施工进度计划延期的审批　在工程施工过程中，当发生非承包人原因造成的工程延期后，应根据合同规定处理工程延期。按照 FIDIC 管理模式，监理工程师在审批进度计划延期时应遵循以下原则：

1）建设工程项目延期的原因是否是承包人的原因，只有非承包人自身原因引起的工程延期才可考虑是否受理，这是监理工程师审批工程延期应遵循的一个重要原则。

2）建设工程项目延期是否会推迟整个工程建设项目的总工期，若只是局部工程受到影响，应考虑是否可以采取其他措施予以弥补。

3）所延期的建设工程项目是否在工程施工进度计划的关键线路上，若是非关键线路上的工程则不考虑延期。

4）恶劣气候条件造成的工程延期，监理工程师应综合考虑整个施工期的天气情况，应考虑利用施工期内的良好气候予以补偿。

5）在非承包人原因造成的工程延期发生后的 28 天内，承包人应向监理工程师提出工程延期的书面申请，否则监理工程师无须考虑给予承包人延期，工程临时/最终延期报审表的格式详见附录 I 表 B.0.14。

3. 工程施工进度计划的检查与调整

（1）工程施工进度计划的检查　工程施工进度计划的检查是计划执行信息的主要来源，是工程施工进度计划调整和分析的依据，也是进度控制的关键。工程施工进度计划检查的内容主要包括工作开始时间、工作完成时间、工作持续时间、工作之间的逻辑关系、完成各工作的实物工程量和工作量、关键线路和总工期、时差的利用。工程施工进度计划检查的目的是通过检查发现偏差，以便修改或调整计划，确保工程按期完成。工程施工进度计划的检查方法一般采用实物对比法，即将进度计划和实际进度进行对比。在工程施工进度计划的检查中，应做好以下工作：

1）在建设工程项目的施工过程中，专业监理工程师应要求承包人每日按单位工程、分项工程或工序对实际进度进行记录，并与计划进度对比，以作为掌握工程进度和进行决策的依据。

每日进度检查记录应包括以下内容：当日实际完成与累计完成的工程量；实际参加施工的人力、机械数量及生产效率；施工停滞的人力、机械数量及原因；施工单位及技术人员到达施工现场的情况；当日发生的影响工程进度的特殊事件或原因；当日的气候情况及对施工的影响等。

2）驻地监理工程师应要求施工单位根据施工现场提供的每日施工进度记录，及时进行统计和标记，通过分析和整理每月向总监理工程师或总监理工程师代表和建设单位提交一份月工程进度报告。

月工程进度报告应包括以下基本内容：工程进度概况和总说明，应以记事方式对计划进度的执行情况提出分析；编制工程施工进度计划累计曲线和完成投资额的累计曲线；显示关键线路（或主要工程建设项目）及一些施工活动与进展情况的工程图片；反映承包人的现金流动、工程变更、价格调整、工程索赔、工程支付及其他财务支出情况的财务报告；影响工程进度或造成延误的其他特殊事项、因素及解决措施。

3）监理工程师应编制和建立各种用于记录、统计、标记，反映实际工程进度与计划进度差距的进度控制及进度统计表，以便随时对工程进度进行分析和评价，作为要求承包人加快施工速度、调整计划或采取其他合同措施的依据。

（2）工程施工进度计划的调整　工程施工过程中，由于承包人的人力、机械的变化，管理失误，恶劣的气候，地质条件，物资供应或建设单位的原因等因素的影响，都将给工程施工进度的实现带来许多困难，因此如果监理工程师发现工程现场的组织安排、施工顺序或人力和设备等，与原定的工程施工进度计划有较大的差别时，应要求承包人对原工程施工进度计划予以调整，以符合工程现场的实际并保证满足合同工期的要求。

五、案例

案例 1

背景

某开发商开发甲、乙、丙、丁四幢住宅，分别与监理单位和施工单位签订了监理合同和施工合同。地下一层为地下室、一至二层为框架结构，三至六层为砖混结构，合同工期为32周。开工前施工单位已向总监理工程师提交了工程施工进度计划并经总监理工程师审核批准。施工单位提交的基础施工进度计划见表5-1。

表 5-1　基础施工进度计划

施工过程	施工进度/周																			
	1	2	3	4	5	6	7	8	9	10	11	12	13	14	15	16	17	18	19	20
基坑土方	━	━	━	━																
基础施工			━	━	━	━	━	━	━	━			━	━	━	━				
回填土															━	━	━	━	━	━

问题

1. 如果建设单位想缩短基础工程施工工期，应如何组织该部分施工更为合理？请绘制工程施工进度计划表。

2. 在进行基坑土方施工过程中，甲幢基坑土方因土质不好，需在基坑一侧（临街）打护桩，致使甲幢基坑土方施工时间增加1周，且建设单位对乙、丁两幢地下室要求进行设计变更，将原来的地下室改为地下车库，增加了工程量。丙幢取消了地下室，改为条形基础，一层以上全部为砖混结构。由于工程发生变化，作业时间也发生变化，乙、丁两幢基坑土方作业均为2周时间，基础施工均为5周时间，此时的基础工程施工进度计划应如何安排才合理？

3. 建设单位提出的设计变更，监理工程师应如何处理？

案例2

背景

某开发商开发住宅小区工程，分别与监理单位和施工单位签订了委托监理合同和施工合同。施工单位在规定的期限内编制了工程施工进度计划，并送达监理工程师审批，经监理工程师审批后，施工单位按照监理工程师的意见进行了修改，最终确定了工程施工进度计划，作为建设工程项目进度控制的标准。在开工后发生了如下事件：

（1）建设单位没有按期提供施工现场。

（2）施工单位租赁的施工机械出现故障，致使关键线路上的工作停工2天。

（3）监理工程师认为施工单位完成的基础工程某些部分质量不合格，责令其返工。

（4）由于设计上有缺陷，设计单位重新修改了设计，监理工程师发布了工程变更指令，施工单位对已经完成的部分进行了返工，总工期拖延7天。

（5）监理工程师没有按期对已完工程进行计量，致使建设单位没有及时支付工程进度款，造成工程全面停工3天。

（6）在施工过程中因暴雨无法施工，停工3天，但后期在天气晴好的时候监理工程师已安排施工单位将工程进度赶上。

问题

1. 为什么施工单位在编制了工程施工进度计划以后要报送监理工程师审批？
2. 进度控制的主要工作有哪些？
3. 上述事件中影响工期的因素各属于谁的原因？
4. 哪些事件造成的工程延期可以得到监理工程师的延期批准？

第四节 建设工程质量控制

一、建设工程质量控制的含义

质量控制是指在实现工程建设项目总目标的过程中，为满足项目总体质量要求的有关监督管理活动。质量控制是建设监理活动中最重要的工作，是建设工程项目控制三个目标的中心目标，它不仅关系到工程的成败、进度的快慢、投资的多少，而且直接关系到人民的生命财产安全。因此，实现质量控制目标是监理企业和每一个监理工程师的中心任务。

施工阶段既是形成建设工程项目实体的阶段，也是形成最终产品质量的重要阶段。所以，施工阶段的质量控制既是建设工程项目质量控制的重点，也是施工阶段监理的重要任务。"百年大计，质量第一"，无论是材料与设备的选购，还是土建工程施工、设备安装，都要树立强烈的质量意识，建立起严格的质量检验和质量监理制度。为此，国务院颁布了《质量管理条例》，标志着我国建设工程质量管理步入了规范化、制度化的轨道，明确了建设单位、勘察单位、设计单位、施工单位和工程监理企业的质量责任和义务，对建设工程的质量管理做出了明确规定，提出了明确要求。

二、质量控制的目标与任务

1. 质量控制的目标

建设工程质量控制的目标是通过有效的质量控制工作和具体的质量控制措施，在满足投资和进度要求的前提下，实现工程预定的质量目标。

建设工程的质量首先必须符合国家现行的关于工程质量的法律法规、技术标准和规范等的有关规定，尤其是强制性标准的规定。这实际上也就明确了对设计、施工质量的基本要求。从这个角度来讲，同类建设工程的质量目标具有共性，不因其建设单位、建造地点以及其他建设条件的不同而不同。

建设工程的质量目标又是通过合同加以约定的，其范围更广、内容更具体。任何建设工程都有其特定的功能和使用价值，建设工程的功能与使用价值的质量目标是相对于建设单位的需要而言的，并无固定和统一的标准。从这个角度来讲，建设工程的质量目标具有个性。

建设工程质量控制的目标就是要实现以上两方面的工程质量目标。由于工程共性的质量目标一般有严格、明确的规定，因而质量控制工作的对象和内容都比较明确，能较准确、客观地评价质量控制的效果。而工程个性的质量目标具有一定的主观性，有时没有明确、统一的标准，因而质量控制工作的对象和内容较难把握，对质量控制效果的评价与评价方法和标准密切相关。因此，在建设工程的质量控制工作中，要注意对工程个性质量目标的控制，最好能预先明确控制效果定量评价的方法和标准。另外，对于合同约定的质量目标，必须保证其不得低于国家强制性质量标准的要求。

2. 质量控制的任务

不同的阶段（可行性研究、项目决策、工程设计、工程施工、竣工验收五个阶段），质量控制的任务不同，这里主要介绍设计和施工两个阶段的任务。

设计阶段质量控制的主要任务是：了解建设单位的建设需求，协助建设单位制定项目质量目标规划；根据合同要求及时、准确、完整地提供设计工作所需的基础数据和资料；协调配合设计单位优化设计方案，并最终确认设计方案是否符合有关法规要求和技术、经济、财务、环境条件的要求，是否满足建设单位的使用功能要求。

施工阶段质量控制的主要任务是：通过对施工投入、施工和安装过程、产出品进行全过程控制，以及对参加施工的单位和人员的资质，用于施工的材料和设备、施工机械、施工方案和工艺方法，施工环境等实施全方位控制，以期达到预定的施工质量目标。

三、影响工程质量控制的主要因素

工程项目实体的质量、使用功能受设计、施工、供应、监理等各方面因素的影响。例如，机械、人工、材料、施工方法、工程建设环境等会对工程质量造成一定影响。所以，对多方面影响因素要综合考虑，全面控制。对人，要从思想素质、业务水平、身体素质等方面考虑；对材料，要严把检验验收关；对施工方法，要进行分析论证，选择最优方案；对机械，应根据工艺及技术要求合理选择；对环境，要加强管理，以确保质量目标的实现。另外，在影响工程质量控制的因素中还应注意以下几个主要问题。

1. 违反基本建设程序

不严格遵守国家现行的基本建设程序，是影响工程质量控制的首要因素。根据几十年来基本建设的实践经验，我国已形成一套现行的、科学的基本建设程序，这是工程建设中必须遵循的基本准则。

2. 施工单位资质不符或人才缺乏

我国《质量管理条例》明确规定："施工单位应当依法取得相应等级的资质证书，并在其资质等级许可的范围内承揽工程。禁止施工单位超越本单位资质等级许可的业务范围或者以其他施工单位的名义承揽工程。"也就是说，不同资质等级的施工单位，具有不同的技术水平和管理水平，可承担的建筑产品生产的任务范围也有所不同。

从目前我国工程建设状况来看，仍然存在一定的问题，如生产管理水平普遍较低，跟不上体制改革和经济发展的步伐；一些建设单位为了节省建设资金选择资质等级较低的施工单位，给工程质量控制造成一定隐患；特别是一些无相应资质的建筑队进行承包、转包、分包的项目，为片面追求经济效益而强行赶进度，硬性降低成本，缺乏科学管理，忽视工程质量。另外，施工单位多数比较缺乏高水平的管理人才，施工管理仍停留在粗放的水平上，有些管理干部和质检人员对有关规范、规程、规定、标准等缺乏起码的知识，甚至在质量管理中无法与监理工程师配合。在这方面监理工程师应重点对施工单位的资质与实际能力进行确认。

3. 建设监理制度不健全

建立具有中国特色的建设工程监理制度，是我国建设领域深化改革并与国际接轨的一项重大举措，20世纪90年代，我国在各建设行业迅速推行了建设监理制度，加强了对工程建设的管理和控制，取得了显著的社会效益。但是要看到建设监理制度在我国起步比较晚，有关管理体制还不是很健全，违反国家建设监理制度规定的现象还不时存在，这对工程质量的控制造成一定的影响。主要体现在以下两个方面：

1）实行监理的建筑工程，建设单位没有委托具有相应资质条件的工程监理企业监理，造成监理人员不能胜任监理工作；实施建筑工程监理前，建设单位在监理委托协议中，没有将监理的内容、监理的义务和权限规定清楚，尤其在质量控制方面出现重大遗漏。

2）一些监理企业的监理人员业务水平较低，不能依照法律、行政法规及有关的技术标准、设计文件和建筑工程承包合同，对施工单位在施工质量、建设工期和建设资金使用等方面代表建设单位实行监督；一些监理企业的个别监理人员思想素质较差，不按照委托监理合同的约定履行监理义务，对应当监督检查的项目不检查或者不按照规定检查，甚至与施工单位串通为施工单位谋取非法利益。

建设工程质量具有特殊性，质量控制在建设工程监理活动中具有极其重要的地位，因此还应注意以下两个十分重要的问题：

第一个问题是对建设工程质量要实行三级控制：首先是实施者自身的质量控制，这是从产品生产者角度进行的质量控制；其次是政府对工程质量的监督，这是从社会公众利益角度出发进行的质量控制；最后是监理企业的质量控制，这是从建设单位角度或者说从产品需求者角度进行的质量控制。对建设工程质量，加强政府的质量监督和监理企业的质量控制是非常必要的，但决不能忽视或淡化实施者自身的质量控制意识。

第二个问题是工程质量事故的处理问题。工程质量事故在建设工程实施的过程中具有多发的特点，例如基础的不均匀沉降、混凝土强度不足、屋面渗漏、建筑物倒塌乃至整个建设项目整体报废等都有可能发生。如果拖延的工期、超额的投资还可能在以后的实施过程中进行挽回的话，那么工程质量一旦不合格，就成了既定的事实。对于不合格的工程项目应及时进行返工或返修，直至合格后方可进行下道工序或交付使用，否则将酿成严重的经济损失和伤亡事故等恶果。

鉴于工程质量事故具有多发的特点，应对其给予高度的重视。尽量采取主动控制或事前控制，从设计、施工、材料和设备供应等多方面入手实施全方位、全过程的全面质量控制。在实施建设监理的工程上减少一般性质量事故，杜绝重大质量事故是最基本的要求。因此，不仅监理企业应加强对工程质量事故的预控和处理，而且要加强工程实施者自身的质量控制意识，把降低和杜绝工程质量事故的具体措施落实到工程实施过程当中，贯彻到每一道工序的实施过程当中。

四、质量控制的主要工作

由于施工阶段是质量控制的重点，故以施工阶段的质量控制工作为例做介绍，其他阶段的质量控制可参考有关资料。在施工阶段质量控制的主要工作如下：

1. 事前控制

事前控制是指在开工或工序施工准备阶段所进行的质量控制。监理工程师在此阶段的主要工作是：

1）检查施工单位（及分包单位）的技术资质，这是保证工程质量的基础。在投标单位投标开始前，由监理企业对投标单位进行资格审查，主要审查投标单位从事建设项目应具备的资质等级、企业素质、技术力量、管理水平、资金数额、机械化施工水平、企业的业绩等，以确定投标单位是否具备完成工程建设项目的能力。当施工单位确定后，在工程正式进行以前，监理企业应对施工单位再次进行技术资质核查，避免施工单位超越资质等级许可的业务范围或以其他施工单位的名义承揽工程，限制那些不符合建设工程项目要求的施工单位投入施工阶段。

2）组织设计交底和图纸会审，对所有的工程部位还应下达具体的质量标准与施工要求。

3）对建设工程项目施工所需的拟进场的原材料、设备、构（配）件等质量进行检查和控制。对工程质量影响较大的材料、设备和构（配）件等应提交样品，由施工单位报监理工程师审批，经认可后才能采购、订货，报审表格式详见附录Ⅰ表B.0.6。各种材料进场应有产品合格证，按有关规定进行抽验。检验应当有书面记录和专人签字，未经检验或抽验不合格的材料、零（配）件等，应当拒绝签认，并不得在工程建设中使用，限期撤出现场。

4）对永久性生产设备及装置应按审查批准的图纸组织采购和订货，这些设备或装置到场后，监理工程师应进行检查验收，主要设备及装置还应做到开箱检验，检查合格，监理工程师应签字予以认定，未经监理工程师签字的设备及装置，不得在工程上使用或者安装。

5）审核施工组织设计及施工方案，重点部位、关键工序、施工工艺和确保工程质量的措施，经审核同意后予以确认。当承包单位对已批准的施工组织设计进行调整、补充或变动时，应有专业监理工程师审查，并由监理工程师签认。对于不足部分提出修改意见，并让承包人按监理工程师的意见进行修改。

6）工程中采用的新材料、新工艺、新技术、新设备，专业监理工程师应要求承包单位报送相应的施工工艺措施和证明材料，组织专题论证，经审定同意使用后予以签认。对工程质量有重大影响的施工机械、设备，应审核其技术性能报告，凡不符合质量要求的不得在施工中使用。

7）协助施工单位完善质量保证体系，建立健全质量管理制度（包括现场会议制度、现场质量检验制度、质量统计报表制度、质量事故报告及质量处理制度等）以及改进计量及质量检测技术、方法手段等。

8）主动与当地质量监督部门联系，汇报质量监理的计划、措施，取得当地质量监督部门的配合、支持和帮助，共同对工程质量进行控制。

9）对施工现场进行检查验收。根据《监理规范》的要求，可以采取旁站、巡视和平行检验的形式对建设工程实施监理，现场的检查项目主要包括：检查施工测量标桩、建筑物的定位放线及高程水准点；落实施工现场障碍物（包括地下、架空管线等）的清理、拆除等。对于重要工程项目应逐项复合与检查。

10）对承包单位的实验室进行考核，主要从以下几个方面进行考核：实验室的资质等级及其试验范围；法定计量部门对试验设备出具的计量鉴定证明；实验室的管理制度；试验人员的资格证书；本工程试验项目及其要求。

11）把好开工关。现场各项准备工作经监理工程师检查合格后，并经监理工程师批准后发布开工令，建设工程项目才允许正式开工；对于已停工的工程，在未签发复工令之前不允许复工。

2. 事中控制

事中控制是指在建设工程项目施工过程中的质量控制。监理工程师在此阶段的具体工作如下：

1）协助施工单位完善工序控制。把影响工序质量的因素都纳入管理状态中，建立质量管理点，及时检查和审核由施工单位提交的质量统计资料和质量控制图表。

2）严格工序交接时间的检查。主要工序作业（包括隐蔽作业）需按有关验收规定，经现场监理工程师检查验收后，方可进行下一道工序的施工。

3）对于重要的工程部位，监理工程师应亲自进行试验或技术复核（如混凝土工程，亲自测定坍落度、取样制作试件等），并实行旁站监理。

4）根据工程施工的特点，对完成的分部（分项）工程，按相应的质量评定标准和方法进行检查、验收。

5）审核设计变更和图纸更改（包括建设单位和施工单位提出的工程变更），尤其注意审核设计变更和图纸更改后对工程质量的影响。

6）按合同行使质量监督权和质量否决权，为工程进度款的支付签署意见。如有必要，在下列情况下监理工程师有权下达工程暂停令：施工中出现异常现象，经监理工程师提出后，施工单位未采取改进措施，或改进措施不力，质量状况未发生好转的；隐蔽工程施工未经现场监理工程师、施工单位和质量监督机构检查验收，而私下进行下一道工序的；对已发生的质量事故未查明原因，或未进行有效处理而继续进行施工的；不经设计单位和监理工程师批准，擅自变更设计图进行施工的；使用无合格证的工程材料，或擅自替换、变更工程材料的；未经监理工程师技术资质审核的分包施工人员进入现场施工的。

对上述情况监理工程师可要求施工单位停工整改，整改完毕后并经监理人员复查，符合规定要求后，总监理工程师应及时签署工程复工令（详见附录Ⅰ表 A.0.7）。总监理工程师下达工程暂停令（详见附录Ⅰ表A.0.5）和签署工程复工报审表应事先向建设单位报告。

7）组织定期或不定期的现场质量会议，及时分析、通报工程质量状况，并协调有关单位之间的业务活动。

8）审查工程质量事故的处理方案，并对处理效果进行检查。

3. 事后控制

事后控制是指在完成施工、形成产品后的质量控制。监理工程师在此阶段的主要工作如下：

1）审核施工单位提供的有关项目的质量检验报告、评定报告及有关技术文件。

2）根据质量评定标准和办法，对完成的分部分项工程及单位工程进行检查验收。

3）审核施工单位提交的竣工图，并与设计施工图进行比较，对竣工图做出评价。

4）组织有关单位参加联合试车，组织项目的竣工总验收。

5）整理有关工程质量的技术文件，建立档案，并在竣工验收后及时向建设主管部门或者其他有关部门移交建设项目档案资料。

五、质量事故的分析及处理

在建设中出现质量事故，一般是很难完全避免的事情。工程项目建设是一个通过各方面协作的、复杂的生产过程。因此，建筑质量事故也相应具有复杂性、严重性、可变性及多发性的特点。通过监理工程师的质量控制系统和施工单位的质量保证活动，通常可对事故的产生起到防范作用或控制事故后果的进一步恶化，把危害程度降低到最低限度。鉴于监理工程师在工程建设中所起的中心地位作用，他完全有责任参与并组织事故的分析与处理。

1. 工程质量事故分类

工程质量事故的分类方式很多，工程质量事故通常按造成损失的严重程度进行分类，其基本分类如下：

（1）一般质量事故 有下列情况之一的属于一般质量事故：

1）直接经济损失在5000元（含5000元）以上，不满50000元的。

2）影响使用功能和工程结构安全，造成永久质量缺陷的。

（2）严重质量事故 具有下列情况之一的属于严重质量事故：

1）直接经济损失在50000元（含50000元）以上，不满10万元的。

2）严重影响使用功能或工程结构安全，存在重大质量隐患的。

3）事故性质恶劣或造成2人以下重伤的。

（3）重大质量事故 具有下列情况之一的属于重大质量事故：

1）工程倒塌或报废的。

2）由于质量事故，造成人员死亡或重伤3人以上的。

3）直接经济损失 10 万元以上的。

国家建设主管部门将重大质量事故又分为四个等级：

1）凡造成死亡 30 人以上或直接经济损失 300 万元以上的为一级。

2）凡造成死亡 10 人以上 29 人以下或直接经济损失 100 万元以上，不满 300 万元的为二级。

3）凡造成死亡 3 人以上 9 人以下或重伤 20 人以上或直接经济损失 30 万元以上，不满 100 万元的为三级。

4）凡造成死亡 2 人以下或重伤 3 人以上、19 人以下或直接经济损失 10 万元以上，不满 30 万元的为四级。

（4）特别重大事故　按国务院发布的《生产安全事故报告和调查处理条例》规定，特别重大事故是指造成 30 人以上死亡，或者 100 人以上重伤（包括急性工业中毒），或者 1 亿元以上直接经济损失的事故。

（5）质量问题　直接经济损失在 5000 元以下的列为质量问题。

2. 工程质量事故的分析处理

（1）质量事故分析处理的基本程序　质量事故分析处理的基本程序可按图 5-10 所示过程进行。

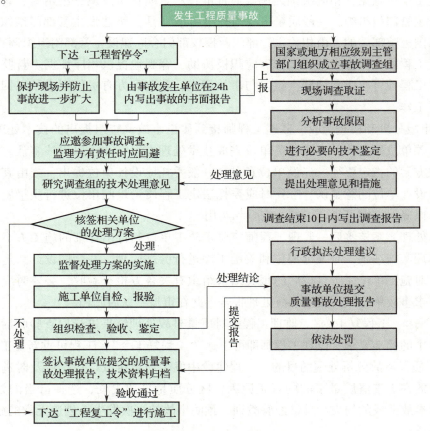

图 5-10　质量事故分析处理的基本程序

归纳起来，工程质量事故分析处理可分为：下达"工程暂停令"、进行事故调查、事故处理和检查验收、下达"工程复工令"等基本步骤。

1）下达"工程暂停令"。在发现质量事故后，总监理工程师应当根据事故的实际情况，向施工单位下达"工程暂停令"，要求施工单位立即停止有质量缺陷部位及其关联部位和下道工序的施工，要求施工单位采取必要措施防止事故扩大并保护好现场。同时，要求质量事故发生单位迅速按类别和等级向相应的主管部门上报，并在24h内进行书面报告。

质量事故报告应包括以下内容：事故发生的单位名称、工程名称、部位、时间和地点；事故概况和初步估计的直接损失；事故发生原因的初步分析；事故发生后采取的措施；相关各种资料（有条件时）。

2）进行事故调查。特别重大事故由国务院按有关程序和规定处理；重大质量事故由国家建设主管部门归口管理；严重质量事故由省、自治区、直辖市建设主管部门归口管理；一般质量事故由市（县）级建设主管部门归口管理。

工程事故的调查处理一般要成立质量事故调查组。特别重大事故调查组的组成由国务院批准；一级、二级重大质量事故调查组由省、自治区、直辖市建设主管部门提出组成意见，相应级别人民政府批准；三级、四级重大质量事故调查组由市（县）级建设主管部门提出组成意见，相应级别人民政府批准；严重质量事故调查组由省、自治区、直辖市建设主管部门组织；一般质量事故调查组由市（县）级建设主管部门组织。事故发生单位属国务院部委的，由相关主管部门及授权部门会同建设主管部门组织调查组。

监理工程师在调查组开展工作后应积极协助，客观地提供相应证据。若监理方无责任，监理工程师可应邀参加调查组参与事故调查；若监理方有责任则应予以回避，并配合调查组工作。

3）事故处理和检查验收。监理工程师接到质量事故调查组提出的技术处理意见后，可组织相关单位研究，并责成相关单位完成技术处理方案，并予以审核签认。质量事故技术处理方案的指定要征求建设单位意见，一般委托原设计单位提出，或由其他单位提供并经原设计单位同意签认。必要时应委托法定工程质量检测单位进行质量鉴定或请专家论证，以确保方案可靠、可行、安全和实用。

技术处理方案核签后，监理工程师应要求施工单位制订出详细的施工方案，必要时可编制监理实施细则，对关键部位和关键工序进行旁站监理，并会同设计、建设单位检查认可。对施工单位完工自检后的报验结果组织有关各方检查验收，必要时应进行技术鉴定。要求事故单位编写质量事故处理报告，并在审核签认后归档。

4）下达"工程复工令"。监理工程师对质量事故处理结果进行检查验收后，若符合处理设计中的标准要求，监理工程师即可下达"工程复工令"，工程可重新复工。

（2）质量事故分析处理的目的　工程建设中发生质量事故以后，应及时进行分析处理，其目的在于查清质量事故的真正原因，区分质量事故责任，选择恰当的处理方法，减少工程事故造成的损失，总结经验教训，预防事故的再次发生，创造正常的施工条件，保证工程质量。

3. 质量事故处理的原则和方法

（1）质量事故处理的原则　工程质量事故发生后，要坚持责任逐层追究的原则，即从施工人员、班组长到施工队长逐层追究责任。根据质量事故的严重程度，由施工单位立即召集有关施工队长、班组长和施工人员，共同分析质量事故发生的原因，查明责任，研究防范措施，对责任者按照有关规定批评教育或处罚，防止质量事故重复发生。

在施工过程中，如果发现工程质量事故，不管其属于何种类型，施工人员均应立即上报，并进行初步检查，若属于一般质量事故，班组应写出质量事故报告，经专职质检员核实签字后报施工单位技术负责人及监理工程师。若属于重大或特别重大质量事故，施工单位应立即向监理工程师、建设单位和质量监督部门提出书面报告，并通知设计单位，同时按规定向上级报告，及时填报重大质量事故报告（表），严禁隐瞒不报或虚报。

对因工程质量问题造成的经济损失，应坚持谁承担事故责任谁负担的原则。若是施工单位责任，一切经济损失应由施工单位负责；若质量事故的责任并非施工单位所负，一切经济损失不仅不能由施工单位承担，而且施工单位还有向他方提出索赔的权利。

（2）质量事故处理的方法　对施工中出现的工程质量事故，一般有以下三种处理方法：

1）责令返工。对于严重未达到规范或标准要求的质量事故，影响到工程正常使用安全，且又无法通过修补的方法予以纠正时，必须采取返工的措施。

2）进行修补。这种方法适用于通过修补可以不影响工程的外观和正常使用的质量事故。它是利用修补的方法对工程质量事故予以补救，且这类工程事故在工程施工中是经常发生的。

3）不做处理。有些出现的工程质量问题虽超出了有关规范的规定，已具有质量事故的性质，但针对具体情况通过分析后认为可不需专门处理，如：

①不影响结构安全或使用要求、生产工艺。例如，有的建筑物在施工中发生错位事故，若进行彻底纠正，不仅困难很大，还将会造成重大经济损失，经过分析论证后，只要不影响生产工艺和使用要求，可不做处理。

②较轻微的质量缺陷，通过后续工程可以弥补的，可以不做处理。例如，混凝土墙板出现了轻微的蜂窝、麻面等质量问题，该缺陷可通过后续抹灰、喷涂工序进行弥补，则不需对墙板缺陷做专门的处理。

③对出现的某些质量事故，经复核验算后，仍能满足设计要求的，可不做处理。例如，结构断面尺寸比设计图纸稍小，经认真验算后，仍能满足设计承载能力。但必须特别注意，这种方法是以挖掘设计潜力为代价，对此需要格外慎重。

4. 质量事故的处理验收和鉴定

质量事故的处理是否达到了预期的目的，是否仍留有隐患，应当通过检查鉴定和验收做出确认。

事故处理的检查鉴定应严格按施工验收规范及有关标准的规定进行，必要时还应通过实际测量、试验和仪表监测等方法获取必要的数据，才能对事故的处理结果做出确切的结论。检查鉴定的结论可能有以下几种：
1) 事故已排除，可继续施工。
2) 隐患已消除，结构安全有保证。
3) 经修补处理后，完全能满足使用要求。
4) 基本上满足使用要求，但使用时应有附加限制条件，例如限制荷载等。
5) 对耐久性的结论。
6) 对建筑物外观影响的结论。
7) 对短期难以做出结论的，可提出进一步观测检验的意见。

事故处理后，监理工程师还必须提出事故处理报告，其内容包括事故调查报告，事故原因分析，事故处理依据，事故处理的方案、方法及技术措施，处理施工过程的各种原始记录资料，检查验收记录，事故结论等。

六、案例

案例1

背景

某框架结构工程，在杯形基础施工过程中，一批水泥已送样复检，由于工期较紧，在没有试验报告的情况下，施工单位负责人未经监理工程师许可就开始施工，已浇筑2个杯形基础，之后发现水泥试验报告中某项目质量不合格。如果2个杯形基础返工重做，工期延误3天，经济损失达1.71万元。

问题

1. 监理工程师如何处理该问题？
2. 监理工程师对进场原材料、半成品或构（配）件如何控制质量？
3. 工程质量事故成因的基本因素主要有哪些方面？

案例2

背景

监理工程师在某工业工程施工过程中进行质量控制，控制的主要内容有：
（1）协助承包商完成工序控制。
（2）严格工序之间的交接检查。
（3）重要的工程部位或专业工程进行旁站监督与控制，还要亲自试验或技术复核、见证取样。
（4）对完成的分部（子分部）分项工程按相应的质量检查、验收程序进行验收。
（5）审核设计变更和图纸修改。
（6）按合同行使质量监督权。
（7）组织定期或不定期的现场会议，及时分析、通报工程质量情况，并协调有关单位之间的业务活动。

问题

1. 分部工程质量如何验收？分部工程质量验收合格的规定是什么？
2. 监理工程师在工序施工之前应重点控制哪些影响工程质量的因素？
3. 监理工程师现场监督和检查哪些内容？质量检验采用什么方法？

本章小结

建设工程目标控制是建设工程监理的重要管理活动。建设工程目标控制分为投资控制、进度控制和质量控制，其中质量控制是重点。建设工程监理的任务是帮助建设单位实现其投资目的，即在计划的投资和工期内，按规定质量完成项目建设。目标控制主要是采取主动控制和被动控制两种方式。建设工程目标控制受多种因素的影响，因此在实现建设项目控制总目标的过程中要综合分析各种影响因素，明确目标控制的主要任务，做好投资、进度、质量控制的主要工作。建设工程目标控制是全过程、全方位的系统性的控制，通过监理工程师的质量控制系统和施工单位的质量保证活动，通常可对事故的产生起到防范作用，控制事故后果的进一步恶化，把危害程度降低到最低限度。

综合实训

第五章综合实训

素养小提升

2021年4月26日，生产商某混凝土工程有限公司的控料仪器出现故障，又因现场工作人员处置不当，有一个批次的混凝土配合比存在问题，致使混凝土的强度不达标。其浇筑部位为某小区8号楼第四层墙柱和第五层梁板，面积约500m^2。事件发生后，该项目开发商已着手对存在安全隐患的部位进行拆除，共造成400多万元的损失。

作为建筑行业从业人员，一定要强化责任意识，严把质量关，树立"质量就是生命"的观念，做良心项目，做放心工程。

第六章 建设工程监理规划

> **学习目标**
>
> 了解建设工程监理工作文件的构成及监理规划的作用、编写依据；熟悉监理大纲、监理规划与监理实施细则，以及它们之间的关系；掌握监理规划的主要内容、编写要求。

第一节 概　述

一、建设工程监理工作文件的构成

建设工程监理工作文件是指监理企业投标时编制的监理大纲、监理合同签订以后编制的监理规划和专业监理工程师编制的监理实施细则。

1. 监理大纲

监理大纲又称为监理方案，它是监理企业在建设单位开始委托监理的过程中，特别是在建设单位进行监理招标过程中，为承揽到监理业务而编写的监理方案性文件。

监理规划概述

监理企业编制监理大纲有以下两个作用：一是使建设单位认可监理大纲中的监理方案，从而承揽到监理业务；二是为项目监理机构以后开展监理工作制订基本的方案。监理大纲一般由包括总监理工程师在内的监理企业经营管理部门和技术部门的相关人员编制完成。监理大纲应根据建设单位所发布的监理招标文件的要求制定，一般来说应该包括以下主要内容：

（1）拟派往项目监理机构的监理人员情况介绍　在监理大纲中，监理企业需要介绍拟派往所承揽或投标工程的项目监理机构的主要监理人员，并对他们的资格情况进行说明。其中，应该重点介绍拟派往投标工程的项目总监理工程师的情况，这往往决定了承揽监理业务的成败。

（2）拟采用的监理方案　监理企业应当根据建设单位所提供的工程信息，并结合自己为投标所初步掌握的工程资料，制订出拟采用的监理方案。监理方案一般包括项目监理机构的方案、建设工程三大目标的具体控制方案、工程建设各种合同的管理方案、项目监理机构在监理过程中进行组织协调的方案等内容。

（3）将提供给建设单位的监理阶段性文件　在监理大纲中，监理企业还应该明确未来工程监理工作中向建设单位提供的阶段性的监理文件，这将有助于满足建设单位掌握工程建设过程的需要，有利于监理企业顺利承揽该建设工程的监理业务。

2. 监理规划

监理规划是由总监理工程师组织、专业监理工程师参与编制、经监理企业技术负责人批准，用来指导项目监理机构全面开展监理工作的指导性文件。监理规划的编制应针对项目的实际情况，明确项目监理机构的工作目标，确定具体的监理工作制度、程序、方法和措施，并应具有可操作性。

监理规划应在签订委托监理合同及收到设计文件后开始编制，并应在召开第一次工地会议前报送建设单位。

3. 监理实施细则

监理实施细则简称监理细则，是在监理规划的基础上，由项目监理机构的专业监理工程师针对采用新材料、新工艺、新技术、新设备的工程或专业性较强、危险性较大的分部分项工程的监理工作编写的，用于指导项目监理机构具体开展专项监理工作的操作性文件，其应体现项目监理机构对建设工程在专业技术、目标控制方面的工作要点、方法和措施，内容要详细、具体、明确。

监理实施细则应在相应工程施工开始前编制，并经总监理工程师审批后实施。

4. 三者之间的关系

监理大纲、监理规划、监理实施细则是相互关联的，都是建设工程监理工作文件的组成部分，它们之间存在着明显的依据关系：在编写监理规划时，一定要严格根据监理大纲的有关内容来编写；在制定监理实施细则时，一定要在监理规划的指导下进行。从内容范围上讲，监理大纲与监理规划都是围绕着整个项目监理机构所开展的监理工作来编写的，但监理规划的内容要比监理大纲更翔实、更全面。

一般来说，监理企业开展监理活动应当编制以上工作文件。但这也不是一成不变的，对于简单的监理活动只编写监理实施细则就可以了，有些工程也可以制定较详细的监理规划，不编写监理实施细则。

二、监理规划的作用

1. 指导项目监理机构全面开展监理工作

建设工程监理的中心目的是协助建设单位实现建设工程的总目标。实现建设工程总目标是一个系统的过程，它需要制订计划，建立组织，配备合适的监理人员，进行有效的领导，从而有效地实施工程的目标控制。因此，监理规划需要对项目监理机构开展的各项监理工作做出全面、系统的组织和安排。它包括确定监理工作目标，制定监理工作程序，确定目标控制、合同管理、信息管理、组织协调等各项工作措施和确定各项工作的方法和手段。其基本作用就是指导项目监理机构全面开展监理工作。

2. 监理规划是工程监理主管机构对监理企业监督管理的依据

工程建设主管部门对建设工程监理企业要实施监督、管理和指导，对其人员素质、专业配套和建设工程监理业绩要进行核查和考评，以确认其资质和资质等级，使我国整个建设工程监理行业能够达到应有的水平。要做到这一点，除了进行资质管理工作之外，更为重要的是通过监理企业的实际监理工作来认定它的水平。而监理企业的实际水平可从监理规划以及对其的实施中充分地表现出来。因此，工程建设主管部门对监理企业进行考核时，应当重视对监理规划的检查，也就是说，监理规划是工程建设主管部门监督、管理和指导监理企业开展监理活动的重要依据。

3. 监理规划是建设单位确认监理企业履行合同的主要依据

监理企业如何履行监理合同，如何落实建设单位委托监理企业所承担的各项监理服务工作，作为监理的委托方，建设单位不但需要而且应当了解和确认监理企业的这些工作。同时，建设单位有权监督监理企业全面、认真执行监理合同。而监理规划正是建设单位了解和确认这些问题的最好资料，是建设单位确认监理企业是否履行监理合同的主要说明性文件。

4. 监理规划是监理企业内部考核的依据和重要的存档资料

从监理企业内部管理制度化、规范化、科学化的要求出发，需要对各项目监理机构（包括总监理工程师和专业监理工程师）的工作进行考核，其主要依据就是经过监理企业内部主管负责人审批的监理规划。通过考核，可以对有关监理人员的监理工作水平和能力做出客观、正确的评价，从而有利于以后在其他工程上更加合理地安排监理人员，提高监理工作效率。

从建设工程监理控制的过程可知，监理规划的内容必然随着工程的开展而逐步调整、补充和完善。它在一定程度上真实地反映了一个建设工程监理工作的全貌，是最好的监理工作过程记录。因此，它是每一家工程监理企业的重要存档资料。

三、监理规划的编写要求

1. 基本构成内容应当力求统一

监理规划在总体内容组成上应力求做到统一。这是监理工作规范化、制度化、科学化的要求。

监理规划基本构成内容的确定，应考虑整个建设监理制度对建设工程监理的内容要求。建设工程监理的主要内容是控制建设工程的投资、工期和质量，进行建设工程合同管理，协调有关单位之间的工作关系，这些内容无疑是构成监理规划的基本内容。如前所述，监理规划的基本作用是指导项目监理机构全面开展监理工作。因此，对整个监理工作的组织、控制、方法、措施等将成为监理规划必不可少的内容。对于某一个具体建设工程的监理规划，则要根据监理企业与建设单位签订的监理合同所确定的监理实际范围和深度来加以取舍。

归纳起来，监理规划的基本构成内容应当包括目标规划、项目组织、监理组织、目标控制、合同管理和信息管理。施工阶段监理规划统一的内容要求应当在建设监理法规文件或监理合同中明确下来。

2. 具体内容应具有针对性

监理规划基本构成内容应当统一，但各项具体的内容则要有针对性。每个建设工程都有自身的特点，监理规划的基本构成内容应与特定的建设工程相适应，针对建设工程特点制定相应的建设投资、工程进度、工程质量控制目标，确定项目监理机构和组织形式，制定目标控制的措施、方法和手段，信息管理制度，合同管理措施等。只有具有针对性，建设工程监理规划才能真正起到指导具体监理工作的作用。

另外，每一个监理企业或每一位总监理工程师对具体工程的监理思想、监理方法和监理手段等一般会有自己独特的思考，在编写监理规划具体内容时必然会体现出自己鲜明的特色。建设工程监理的目的就是协助建设单位实现其投资目的，因此监理规划只要能够对监理工作做好指导，能够圆满地完成所承担的建设工程监理业务，就是一个合格的建设工程监理规划。

3. 监理规划应当遵循建设工程的运行规律

监理规划是针对一个具体建设工程编写的，而不同的建设工程具有不同的工程特点、工程条件和运行方式。这决定了建设工程监理规划必然与工程运行客观规律具有一致性，必须把握、遵循建设工程运行的客观规律。只有把握了建设工程运行的客观规律，监理规划的运行才是有效的，才能实施对这项工程的有效监理。

此外，监理规划要随着建设工程的展开进行适当的补充、修改和完善。它由开始的"粗线条"或"近细远粗"逐步变得完整、完善起来。在建设工程的运行过程中，内外因素和条件不可避免地要发生变化，造成工程的实施情况偏离初使计划，往往需要调整计划乃至目标，这就必然造成监理规划在内容上也要相应地调整，以便能使建设工程在监理规划的有效控制之下。

监理规划要把握建设工程运行的客观规律，要不断地收集大量的编写信息，才能对监理工作进行详尽的规划。例如，随着设计的不断开展、工程招标方案的出台和实施，工程信息量越来越多，监理规划的内容也就越来越趋于完整、更加科学并具备实施价值。

4. 项目总监理工程师是监理规划编写的组织者

监理规划应当在项目总监理工程师组织下编写制定，这是建设工程监理实施项目总监理工程师负责制的必然要求。当然，要编制好建设工程监理规划，还要充分调动整个项目监理机构中专业监理工程师的积极性，要广泛征求各专业监理工程师的意见和建议，并吸收其中水平比较高的专业监理工程师共同参与编写。

在监理规划编写的过程中，除应当按照本单位的要求进行外，还应当充分听取建设单位的意见，最大限度地满足他们的合理要求，为进一步搞好监理服务奠定基础。

5. 监理规划一般要分阶段编写

监理规划的内容与工程进展密切相关，项目总监理工程师应在监理合同签订及收到施工合同和设计文件后 15 天内组织项目监理工程师编制完成工程项目监理规划。如果设计文件分阶段提供，监理规划可分阶段编写。大型工程的全过程监理也可按设计阶段、施工招标阶段和施工阶段分阶段编写监理规划。在设计的前期阶段（即设计准备阶段）应完成规划的总框架，并将设计阶段的监理工作进行"近细远粗"的规划，使监理规划内容与已经掌握的工程信息紧密结合；设计阶段结束，大量的工程信息能够提供出来，所以施工招标阶段监理规划的大部分内容能够落实；随着施工招标的开展，各承包单位逐步确定下来，工程施工合同逐步签订，施工阶段监理规划所需的工程信息基本齐备，足以编写出完整的施工阶段监理规划。在施工阶段，有关监理规划的主要工作是根据工程进展情况进行调整、修改，使监理规划能够动态地控制整个建设工程的正常进行。

在监理规划的编写过程中需要进行审查和修改，因此监理规划的编写还要留出必要的审查和修改时间。为此，应当对监理规划的编写时间事先做出明确的规定，以免编写时间过长，从而耽误了监理规划对监理工作的指导，使监理工作陷于被动和无序。

6. 监理规划的表达方式应当格式化、标准化

现代科学管理应当讲究效率、效能和效益，其表现之一就是使控制活动的表达方式格式化、标准化，从而使监理规划显得更明确、更简洁、更直观。因此，需要选择最有效的方式和方法来表示监理规划的各项内容。比较而言，图、表和简单的文字说明应当是采用的基本方法。我国的建设监理制度已逐步走上规范化、标准化的道路，这是科学管理与粗放型管理在具体工作上的明显区别。

7. 监理规划应该经过审核

监理规划在编写完成后需进行审核并经批准。监理企业的技术主管部门是监理企业的内部审核单位，其负责人应当签认。另外，在实施监理过程中因实际情况或条件发生变化需要调整监理规划时，总监理工程师应组织专业监理工程师修改并按原报审程序审核批准后报建设单位及有关部门审核备案。监理规划审核的内容主要包括以下几个方面：

1）依据监理招标文件和委托监理合同，检查其是否理解了建设单位对该工程的建设意图，监理范围、监理工作内容是否包括了全部委托的工作任务，监理目标是否与合同要求和建设意图相一致。

2）在组织形式、管理模式等方面是否合理，是否结合了工程实施的具体特点，是否能够与建设单位的组织关系和承包方的组织关系相协调等。

3）人员配备方案是否合理，包括派驻监理人员的专业覆盖程度，人员数量的满足程度等。

4）在工程开展过程中各个阶段的工作实施计划是否合理、可行，审查其在每个阶段中如何控制建设工程目标以及组织协调的方法。

5）对三大目标的控制方法和控制措施应重点审查，检查其如何应用组织、技术、经济、合同等措施保证目标的实现，方法是否科学、合理、有效。

6）监理的内、外工作制度是否健全。

四、监理规划的编写依据

1. 工程建设方面的法律法规

工程建设方面的法律法规具体包括三个层次：

1）国家颁布的有关工程建设的法律法规和政策。这是工程建设相关法律法规的最高层次，在我国任何地区或任何部门进行工程建设，都必须遵守国家颁布的工程建设方面的法律法规、政策。

2）工程所在地或所属部门颁布的工程建设相关的法规、规定和政策。一项建设工程必然是在某一地区实施的，也必然是归属于某一部门的，这就要求工程建设必须遵守建设工程所在地颁布的工程建设相关的法规、规定和政策，同时也必须遵守工程所属部门颁布的工程建设相关规定和政策。

3）工程建设的各种标准、规范。工程建设的各种标准、规范也具有法律地位，也必须遵守和执行。

2. 政府批准的工程建设文件

1）政府工程建设主管部门批准的可行性研究报告、立项批文。

2）政府规划部门确定的规划条件、土地使用条件、环境保护要求、市政管理规定。

3. 建设工程外部环境调查研究资料

1）自然条件方面的资料。自然条件方面的资料包括：建设工程所在地的地质、水文、气象、地形以及自然灾害发生情况等方面的资料。

2）社会和经济条件方面的资料。社会和经济条件方面的资料包括：建设工程所在地的政治局势、社会治安、建筑市场状况、相关单位（勘察和设计单位、施工单位、材料和设备供应单位、工程咨询和建设工程监理企业）、基础设施（交通设施、通信设施、公用设施、能源设施）、金融市场情况等方面的资料。

4. 建设工程监理合同

在编写监理规划时，必须依据建设工程监理合同中的以下内容：监理企业和监理工程师的权利和义务，监理工作的范围和内容，有关建设工程监理规划方面的要求。

5. 其他建设工程合同

在编写监理规划时，也要考虑其他建设工程合同关于建设单位和承建单位权利和义务的内容。

6. 建设单位的正当要求

根据监理企业应竭诚为客户服务的宗旨，在不超出合同职责范围的前提下，监理企业应最大限度地满足建设单位的正当要求。

7. 监理大纲

监理大纲中的监理组织计划，拟投入的主要监理人员，投资、进度、质量控制方案，合同管理方案，信息管理方案，定期提交给建设单位的监理工作阶段性成果等内容都是监理规划的编写依据。

第二节 建设工程监理规划的内容

建设工程监理企业在与建设单位进行工程项目建设监理委托谈判期间，就应确定项目建设监理的总监理工程师人选，并应参与项目建设监理合同的谈判工作。在工程项目建设监理合同签订以后，项目总监理工程师应组织监理人员详细研究监理合同的内容和工程项目建设条件，主持编制项目的监理规划。建设工程监理规划应将监理合同中规定的监理企业承当的责任及监理任务具体化，并在此基础上制定实施监理的具体措施。

一、建设工程概况

建设工程的概况应包括：
1）建设工程名称。
2）建设工程地点。
3）建设工程组成及建筑规模。
4）主要建筑结构类型。
5）预计工程投资总额。预计工程投资总额可以按以下两种费用编列：建设工程投资总额和建设工程投资组成简表。
6）建设工程计划工期。该计划工期一般以建设工程的计划持续时间或以建设工程开、竣工的具体日历时间表示，如建设工程计划工期为"××个月"或"×××天"，或建设工程计划工期由＿＿年＿月＿日至＿＿年＿月＿日。
7）工程质量要求。工程质量要求应具体提出建设工程的质量目标要求。
8）建设工程设计单位及施工单位名称。
9）建设工程项目结构图与编码系统。

二、监理工作范围

如果监理企业承担全部建设工程的监理任务，监理范围为全部建设工程，否则应按监理企业所承担的建设工程的建设标段或子项目划分确定建设工程监理范围。

三、监理工作内容

1. 建设工程立项阶段建设监理工作的主要内容

1）协助建设单位准备工程报建手续。

2）可行性研究咨询、监理。

3）技术经济论证。

4）编制建设工程投资概算。

2. 设计阶段建设监理工作的主要内容

1）结合建设工程特点，收集设计所需的技术经济资料。

2）编写设计要求文件。

3）组织建设工程设计方案竞赛或设计招标，协助建设单位选择好勘察设计单位。

4）拟定和商谈设计委托合同内容。

5）向设计单位提供设计所需的基础资料。

6）配合设计单位开展技术经济分析，搞好设计方案的比选、优化设计。

7）配合设计进度，组织设计单位与有关部门，如消防、环保、土地、人防、防汛、园林以及供水、供电、供气、供热、电信等部门的协调工作。

8）组织各设计单位之间的协调工作。

9）参与主要设备、材料的选型。

10）审核工程估算、概算、施工图预算。

11）审核主要设备、材料清单。

12）审核工程设计图。检查设计文件是否符合设计规范主标准，施工图是否满足施工需要。

13）检查和控制设计进度。

14）组织设计文件的报批。

3. 施工招标阶段建设监理工作的主要内容

1）拟定建设工程施工招标方案并征得建设单位同意。

2）准备建设工程施工招标条件。

3）办理施工招标申请。

4）协助建设单位编写施工招标文件。

5）标底经建设单位认可后，报送所在地建设主管部门审核。

6）协助建设单位组织建设工程施工招标工作。

7）组织现场勘查与答疑会，回答投标人提出的问题。

8）协助建设单位组织开标、评标及定标工作。

9）协助建设单位与中标单位商签施工合同。

4. 材料、设备采购供应的建设监理工作主要内容

对于由建设单位负责采购供应的材料、设备等物资，监理工程师应负责制订计划，监督合同的执行和供应工作。具体内容包括：

1）制订材料、设备供应计划和相应的资金需求计划。

2）通过质量、价格、供货时间、售后服务等条件的分析和比选，确定材料、设备等

物资的供应单位。重要设备还应访问使用用户，并考察生产单位的质量保证体系。

3) 拟定并商签材料、设备的订货合同。

4) 监督合同的实施，确保材料、设备的及时供应。

5. 施工准备阶段建设监理工作的主要内容

1) 审查施工单位选择的分包单位的资质。

2) 监督检查施工单位质量保证体系及安全技术措施，完善质量管理程序与制度。

3) 检查设计文件是否符合设计规范及标准，检查施工图纸是否能满足施工需要。

4) 协助做好优化设计和改善设计工作。

5) 参加设计单位向施工单位的技术交底。

6) 审查施工单位上报的实施性施工组织设计，重点对施工方案，劳动力、材料、机械设备的组织，以及保证工程质量、安全、工期和控制造价等方面的措施进行监督，并向建设单位提出监理意见。

7) 在单位工程开工前检查施工单位的复测资料，特别是两个相邻施工单位之间的测量资料、控制桩橛是否交接清楚，手续是否完善，质量有无问题，并对贯通测量、中线及水准桩的设置、固桩情况进行审查。

8) 对重点工程部位的中线、水平控制进行复查。

9) 监督落实各项施工条件，审批一般单项工程、单位工程的开工报告，并报建设单位备查。

6. 施工阶段建设监理工作的主要内容

（1）施工阶段的质量控制

1) 对所有的隐蔽工程在进行隐蔽以前进行检查和办理签证，对重点工程要派监理人员驻点跟踪监理，签署重要的分项工程、分部工程和单位工程的质量评定表。

2) 对施工测量、放样等进行检查，对发现的质量问题应及时通知施工单位纠正，并做好监理记录。

3) 检查确认运到现场的工程材料、构件和设备的质量，并应查验试验、化验报告单，出厂合格证是否齐全、合格。监理工程师有权禁止不符合质量要求的材料、设备进入工地和投入使用。

4) 监督施工单位严格按照施工规范、设计图纸要求进行施工，严格执行施工合同。

5) 对工程主要部位、主要环节及技术复杂工程加强检查。

6) 检查施工单位的工程自检工作，数据是否齐全，填写是否正确，并对施工单位质量评定自检工作做出综合评价。

7) 对施工单位的检验测试仪器、设备、度量衡进行定期检验，不定期地进行抽验，保证度量资料的准确。

8) 监督施工单位对各类土木和混凝土试件按规定进行检查和抽查。

9) 监督施工单位认真处理施工中发生的一般质量事故，并认真做好监理记录。

10) 对特别重大事故、重大质量事故以及其他紧急情况，应及时报告建设单位。

（2）施工阶段的进度控制

1）监督施工单位严格按施工合同规定的工期组织施工。

2）对控制工期的重点工程，审查施工单位提出的保证进度的具体措施，如发生延误，应及时分析原因，采取对策。

3）建立工程进度台账，核对工程形象进度，按月、季向建设单位报告施工计划执行情况、工程进度及存在的问题。

（3）施工阶段的投资控制

1）审查施工单位申报的月、季度计量报表，认真核对其工程数量，不超计、不漏计，严格按合同规定进行计量支付签证工作。

2）保证支付签证的各项工程质量合格、数量准确。

3）建立计量支付签证台账，定期与施工单位核对清算。

4）按建设单位授权和施工合同的规定审核变更设计。

（4）施工阶段的安全监理

1）发现存在事故安全隐患的，要求施工单位整改或停工处理。

2）施工单位不整改或不停止施工的，及时向有关部门报告。

7. 施工验收阶段建设监理工作的主要内容

1）督促、检查施工单位及时整理竣工文件和验收资料，受理单位工程竣工验收报告，提出监理意见。

2）根据施工单位的竣工报告，提出工程质量检验报告。

3）组织工程预验收，参加建设单位组织的竣工验收。

8. 建设监理合同管理工作的主要内容

1）拟定本建设工程合同体系及合同管理制度，包括合同草案的拟定、会签、协商、修改、审批、签署、保管等工作制度及流程。

2）协助建设单位拟定工程的各类合同条款，并参与各类合同的商谈。

3）合同执行情况的分析和跟踪管理。

4）协助建设单位处理与工程有关的索赔事宜及合同争议事宜。

9. 委托的其他服务

监理企业及其监理工程师受建设单位委托，还可提供以下几方面的服务：

1）协助建设单位准备工程条件，办理供水、供电、供气、电信线路等申请或签订协议。

2）协助建设单位制订产品营销方案。

3）为建设单位培训技术人员。

四、监理工作目标

建设工程监理目标是指监理企业所承担的建设工程的监理工作预期达到的目标。通常以建设工程的投资、工期、质量三大目标的控制值来表示。

1) 投资控制目标表示形式：以＿＿年预算为基价，静态投资为＿＿万元（合同承包价为＿＿万元）。
2) 工期控制目标表示形式：＿＿个月或自＿＿年＿月＿日至＿＿年＿月＿日。
3) 质量控制目标：建设工程质量合格及建设单位的其他要求。

五、监理工作依据

1) 工程建设方面的法律法规。
2) 政府批准的工程建设文件。
3) 建设工程监理合同。
4) 其他建设工程合同。

六、项目监理机构的组织形式

项目监理机构的组织形式应根据建设工程监理要求选择，项目监理机构可用组织结构图来表示项目监理机构的组织形式。

七、项目监理机构的人员配备计划

监理人员应包括总监理工程师、专业监理工程师和监理员，必要时可配备总监理工程师代表。项目监理机构的监理人员应专业配套、数量满足工程项目监理工作的需要。项目监理机构的人员配备应根据建设工程监理的进程合理安排。

八、项目监理机构的人员岗位职责

总监理工程师、总监理工程师代表、监理工程师、监理员的岗位职责详见第四章。

一名总监理工程师只宜担任一项委托监理合同的项目总监理工程师工作。当需要同时担任多项委托监理合同的项目总监理工程师时，须经建设单位同意，且最多不得超过三项。

九、监理工作程序

监理工作程序比较简单明了的表达方式是监理工作流程图。一般可对不同的监理工作内容分别制定监理工作程序，例如：

1) 分包单位资质审查基本程序如图 6-1 所示。
2) 工程暂停及复工管理的基本程序如图 6-2 所示。
3) 工程延期管理基本程序如图 6-3 所示。

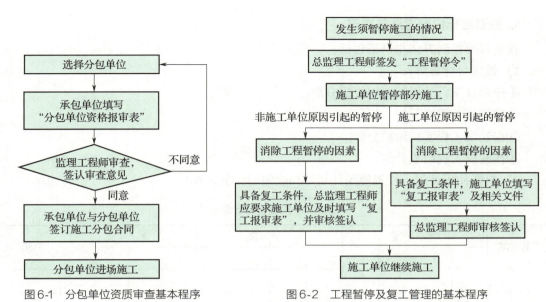

图6-1 分包单位资质审查基本程序

图6-2 工程暂停及复工管理的基本程序

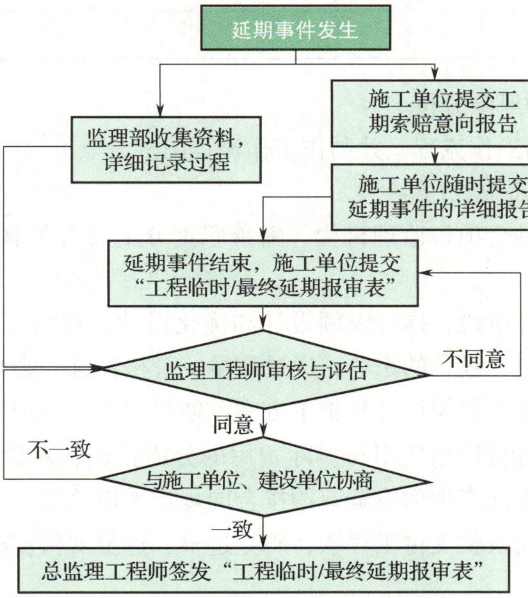

图6-3 工程延期管理基本程序

十、监理工作方法及措施

监理工作方法是指开展各项监理工作采用的方法、手段，应重点围绕投资控制、进度控制、质量控制这三大控制任务展开。同时，在监理规划中，也应对安全监理的方法和措施做出规划。

监理工作采用的措施一般包括组织措施、技术措施、经济措施、合同措施。不同阶段监理工作的控制措施可以不同，不同监理工作内容的控制措施也可以不同。

1. 投资目标控制方法与措施

投资目标控制方法与措施包括：

1）投资目标分解：

①按建设工程的投资费用组成分解。

②按年度、季度分解。

③按建设工程实施阶段分解。

④按建设工程组成分解。

2）投资使用计划。投资使用计划可列表编制，见表6-1。

表6-1 投资使用计划

工程名称	××年度			××年度			××年度			总额

3）投资目标实现的风险分析。

4）分析投资控制的工作流程，并制作工作流程图。

5）投资控制的具体措施如下：

①组织措施。建立健全项目监理机构，完善职责分工及有关制度，落实投资控制的责任。

②技术措施。在设计阶段，推行限额设计和优化设计。在招（投）标阶段，合理确定标底及合同价。对材料、设备的采购，通过质量、价格比选，合理确定生产供应单位。在施工阶段，通过审核施工组织设计和施工方案，使组织施工合理化。

③经济措施。及时进行计划费用与实际费用的分析比较，对原设计或施工方案提出合理化建议并被采用，由此产生的投资节约按合同规定予以奖励。

④合同措施。按合同条款支付工程款，防止过早、过量支付；减少施工单位的索赔，正确处理索赔事宜等。

6）投资控制的动态比较包括：

①投资目标分解值与概算值的比较。

②概算值与施工图预算值的比较。

③合同价与实际投资的比较。

7）投资控制表格制作。

2. 进度目标控制方法与措施

进度目标控制方法与措施包括：

1）确定工程总进度计划。

2）总进度目标分解：
①年度、季度进度目标。
②各阶段的进度目标。
③各子项目进度目标。
3）进度目标实现的风险分析。
4）分析进度控制的工作流程，并制作工作流程图。
5）进度控制的具体措施如下：
①组织措施。落实进度控制的责任，建立进度控制协调制度。
②技术措施。建立多级网络计划体系，监控承建单位的作业实施计划。
③经济措施。对工期提前的实行奖励；对应急工程实行较高的计件单价；确保资金的及时供应等。
④合同措施。按合同要求及时协调有关各方的进度，以确保建设工程的形象进度。
6）进度控制的动态比较包括：
①进度目标分解值与进度实际值的比较。
②进度目标值的预测分析。
7）进度控制表格制作。

3. 质量目标控制方法与措施

质量目标控制方法与措施包括：
1）质量控制目标的描述如下：
①设计质量控制目标。
②材料质量控制目标。
③设备质量控制目标。
④土建施工质量控制目标。
⑤设备安装质量控制目标。
⑥其他说明。
2）质量目标实现的风险分析。
3）分析质量控制的工作流程，并制作工作流程图。
4）质量控制的具体措施如下：
①组织措施。建立健全项目监理机构，完善职责分工，制定有关质量监督制度，落实质量控制责任。
②技术措施。协助完善质量保证体系；严格进行事前、事中和事后的质量检查监督。
③经济措施及合同措施。严格进行质量检查和验收，不符合合同规定的质量要求的拒付工程款；达到建设单位特定质量目标要求的，按合同支付质量补偿金或奖金。
5）质量目标状况的动态分析。
6）质量控制表格制作。

4. 合同管理的方法与措施

合同管理的方法与措施包括：

1）合同结构。合同结构一般以合同结构图的形式表示。
2）合同目录一览表。合同目录一览表的格式见表6-2。

表6-2　合同目录一览表的格式

序号	合同编号	合同名称	承包商	合同价	合同工期	质量要求

3）合同管理的工作流程与措施如下：
①绘制工作流程图。
②列出合同管理的具体措施。
4）合同执行状况的动态分析。
5）合同争议调解与索赔处理程序。
6）合同管理表格制作。

5. 信息管理的方法与措施

信息管理的方法与措施包括：

1）信息分类表。信息分类表的格式见表6-3。

表6-3　信息分类表的格式

序号	信息类别	信息名称	信息管理要求	责任人

2）机构内部信息流程图。机构内部信息流程图示意如图6-4所示。

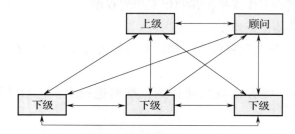

图6-4　机构内部信息流程图示意

3）信息管理的工作流程与措施如下：
①绘制工作流程图。

②列出信息管理的具体措施。
4）信息管理表格制作。

6. 组织协调的方法与措施

组织协调所涉及的单位包括建设工程系统内外的相关单位，其中系统内的单位主要有：建设单位、设计单位、施工单位、材料和设备供应单位、资金提供单位等；系统外的单位主要有：政府建设主管部门、政府其他有关部门、工程毗邻单位、社会团体等。组织协调的方法与措施包括：

1）进行协调分析，主要包括：
①建设工程系统内单位协调的重点分析。
②建设工程系统外单位协调的重点分析。
2）协调工作程序如下：
①投资控制协调程序。
②进度控制协调程序。
③质量控制协调程序。
④其他方面工作的协调程序。
3）协调工作表格制作。

7. 安全监理的方法与措施

安全监理的方法与措施包括：
1）安全监理职责描述。
2）安全监理责任的风险分析。
3）安全监理的工作流程和措施。
4）安全监理状况的动态分析。
5）安全监理工作所用图表。

十一、监理工作制度

1. 施工招标阶段

1）招标准备工作有关制度。
2）编制招标文件有关制度。
3）标底编制及审核制度。
4）合同条件拟定及审核制度。
5）组织招标实务有关的制度。

2. 施工阶段

1）设计文件、图纸审查制度。
2）图纸会审及设计交底制度。
3）施工组织设计审核制度。

4）工程开工申请审批制度。

5）工程材料、半成品质量检验制度。

6）隐蔽工程、分项（部）工程质量验收制度。

7）单位工程、单项工程总监理工程师验收制度。

8）设计变更处理制度。

9）工程质量事故处理制度。

10）施工进度监督及报告制度。

11）监理报告制度。

12）工程竣工验收制度。

13）监理日志和会议制度。

3. 项目监理机构内部工作制度

1）监理组织工作会议制度。

2）对外行文审批制度。

3）监理工作日志制度。

4）监理周报、月报制度。

5）技术、经济资料及档案管理制度。

6）监理费用预算制度。

十二、监理工作设施

根据监理工作的任务和要求，建设单位可提供满足监理工作需要的办公设施、交通设施、通信设施和生活设施。

建设单位应根据建设工程的类别、规模、技术复杂程度，建设工程所在地的环境条件，按委托监理合同的约定，配备满足监理工作需要的常规检测设备和工具，见表6-4。

表6-4 常规检测设备和工具

序号	仪器设备名称	型号	数量	使用时间	备注
1					
2					
3					
4					
5					
6					

第三节 跃进嘉园建设工程监理规划

跃进嘉园建设工程监理规划

本章小结

监理规划的编制应针对项目的实际情况，明确项目监理机构的工作目标，确定具体的监理工作制度、程序、方法和措施，并应具有可操作性。监理实施细则是根据监理规划，由专业监理工程师编写，并经总监理工程师批准，针对工程项目中某一方面监理工作的操作性文件。

建设工程监理规划的作用：指导项目监理机构全面开展监理工作；是工程监理主管机构对监理企业监督管理的依据；是建设单位确认监理企业履行合同的主要依据；是监理企业内部考核的依据和重要的存档资料。

建设工程监理规划的内容：建设工程概况、监理工作范围、监理工作内容、监理工作目标、监理工作依据、项目监理机构的组织形式、项目监理机构的人员配备计划、项目监理机构的人员岗位职责、监理工作程序、监理工作方法及措施、监理工作制度、监理工作设施。

综合实训

第六章综合实训

素养小提升

某大厦工程项目的建设单位委托一家监理企业实施施工阶段监理。监理合同签订后，监理企业组建了项目监理机构。为了使监理工作规范地进行，总监理工程师以工程项目建设条件、监理合同、施工合同等为依据，编制了科学合理的监理规划。在工程实施过程中，监理企业严格按照监理规划履行监理职责，监理人员各司其职，圆满完成了监理任务。

正所谓"预则立，不预则废"，对所要开展的工作做好规划是提高工作效率的重要前提，是完成工作任务的重要保障，学会制订各种计划是每个人都应该掌握的一项重要技能。

第七章
建设工程合同管理

> **学习目标**
>
> 了解建设工程合同的种类、内容及作用；熟悉委托监理合同管理；掌握建设工程施工合同管理的内容及方法；具有一般工程建设项目合同管理的基本能力。

第一节 概 述

建设工程项目从招标、投标、设计、施工到竣工验收交付使用，涉及建设单位、设计单位、材料及设备供应单位、材料生产厂家、施工单位、工程监理企业等多个单位。如何才能把工程项目建设各有关单位有机联系起来，使之相互协调、密切配合，共同实现工程建设项目的进度目标、质量目标和投资目标？一个重要的措施就是利用合同手段，运用经济与法律相结合的方法，明确建设各方的权利和义务关系，以保障工程建设项目目标的顺利实现。

一、合同的概念

合同又称为契约，它是当事人之间设立、变更和终止民事权利和义务关系的协议。当事人既可以是双方的，也可以是多方的。合同作为一种法律手段，是法律、规范在具体问题中的应用，签订合同属于一种法律行为，依法签订的合同具有法律约束力。

建设工程合同是指在工程建设过程中发包人与承包人依法订立的、明确双方权利和义务关系的协议。建设工程合同是一种义务、有偿合同，当事人双方在合同中都有各自的权利和义务，在享有权利的同时必须履行义务。如建设工程施工合同，承包人的主要义务是进行工程建设，权利是得到工程价款；发包人的主要义务是支付工程价款，权利是得到完整、符合约定的建筑产品。

与工程建设有关的合同主要有建设工程勘察设计合同、设备和材料采购合同、建设工程施工合同、劳务供应合同、租赁合同、委托监理合同、分包合同、贷款合同、保险合同等。

二、合同的分类

工程经济活动中，合同的形式与类别是多种多样的，建设工程合同可以从不同的角度进行分类。

1. 按承（发）包的工程范围划分

按承（发）包的工程范围进行划分，可以将建设工程合同分为建设工程总承包合同、建设工程承包合同、建设工程分包合同。发包人将工程建设的全过程发包给一个承包人的合同即为建设工程总承包合同。发包人将建设工程中的勘察、设计、施工等项目分别发包给不同承包人的合同即为建设工程承包合同。经合同约定和发包人认可，从工程承包人承包的工程中承包部分工程而订立的合同即为建设工程分包合同。

2. 按完成承包的内容划分

按完成承包的内容进行划分，建设工程合同可以分为建设工程勘察合同、建设工程设计合同、建设工程施工合同三类。

3. 按付款方式划分

按付款方式的不同，建设工程合同分为总价合同、单价合同和成本加酬金合同。

（1）总价合同　总价合同是指在合同中确定一个完成建设工程的总价，施工单位据此完成项目全部内容的合同类型。这种合同类型能够使建设单位在评标时易于确定报价最低的施工单位，易于进行支付计算。但这类合同仅适用于工程量不大且能精确计算、工期较短、技术不太复杂、风险不大的项目。因而，采用这种合同类型要求建设单位必须准备详细且全面的设计图纸（一般要求施工详图）和各项说明，使施工单位能准确计算工程量。

（2）单价合同　单价合同是指施工单位在投标时按照招标文件就分部分项工程所列出的工程量表确定各分部分项工程费用的合同类型。

这类合同适用范围比较宽，其风险可以得到合理的分摊，并且能鼓励施工单位通过提高工效等手段从成本节约中提高利润。这类合同能够成立的关键在于双方对单价和工程量计算方法的确认，在合同履行中需要注意的问题则是双方实际工程量的确认。

（3）成本加酬金合同　成本加酬金合同是指建设单位向施工单位支付建设工程的实际成本，并按事先约定的某一种方式支付酬金的合同类型。在这类合同中，建设单位需承担项目实际发生的一切费用，因此也就承担了项目的全部风险。而施工单位由于无风险，其报酬也往往较低。

这类合同的缺点是建设单位对工程总价不易控制，施工单位也往往不注意降低项目成本。这类合同主要适用于以下项目：

1）需要立即开展工作的项目，如地震后的救灾工作。
2）新型的工程建设项目或项目工程内容及技术经济指标未确定。
3）风险很大的项目。

三、合同的内容

根据《中华人民共和国民法典》第三篇规定，合同的内容包含以下几个方面：

1）当事人的姓名或者名称和住所。

2）合同的标的。合同标的是当事人双方的权利、义务共指的对象。它可能是实物（如生产资料、生活资料、动产、不动产等）、服务性工作（如劳务、加工）、智力成果（如专利、商标、专有技术）等。如工程承包合同，其标的是完成工程项目。标的是合同必须具备的条款，无标的或标的不明确，合同是不能成立的，也无法履行。

3）标的的数量和质量。标的的数量一般以度量衡作计算单位，以数字作为衡量标的的尺度；标的质量是指质量标准、功能技术要求、服务条件等。没有标的的数量和质量的尺度，合同是无法生效和履行的，发生纠纷也不易分清责任。

4）合同价款或酬金。合同价款或酬金是指取得标的的一方为对方支付的代价，作为对方完成合同义务的补偿。合同中应写明价款数额、付款方式、结算程序。合同应遵循等价互利的原则。

5）合同期限和履行的地点。合同期限是指履行合同的期限，即从合同生效到合同结束的时间。履行地点是指合同标的物所在地，如以承包工程为标的的合同，其履行地点是工程计划文件所规定的工程所在地。

由于一切经济活动都是在一定的时间和空间上进行的，离开具体的时间，经济活动是没有意义的，所以合同中应非常具体地规定合同期限和履行地点。

6）违约责任。违约责任是指合同当事人任何一方不能履行或不能完全履行合同责任，侵犯另一方经济权利时所应负的责任。当事人可以在合同中约定一方当事人违反合同时，必须向另一方当事人支付一定数额的违约金，或者约定违约损害赔偿的计算方法。规定违约责任，一方面可以促进当事人按时、按约履行义务；另一方面又可对当事人的违约行为进行制裁，弥补守约方因对方违约而遭受的损失。很显然，若没有规定违约责任，合同对双方难以形成法律约束力，难以确保圆满地履行合同，发生争执也难以解决。

7）解决争议的方法。在合同的履行过程中，不可避免地会产生争议或纠纷，当合同当事人在履行合同过程中发生纠纷时，首先应通过协商解决，协商不成的，可以调解或仲裁、诉讼。我国新的仲裁制度建立后，仲裁与诉讼成为平行的两种解决争议的最终方式。合同的当事人不能同时选择仲裁和诉讼作为争议解决的方式，如果当事人希望通过仲裁解决争议，则必须在合同中约定仲裁条款，因为仲裁是以自愿为原则的。

四、合同的作用

市场经济的确立和完善为工程建设市场的形成和完善提供了有利条件，建设工程合同的普遍实行更加有利于建设市场的规范和发展，加速推进建设监理制度的完善和发展。建设工程合同的科学性、公平性和法律效率，规范了合同各方的行为，使工程建设活动有章可循，具体作用如下：

1. 合同是双方在工程中各种经济活动的依据

合同在工程实施前签订，它确定了工程所要达到的目标以及和目标相关的所有主要的细节问题。合同确定的工程目标主要有以下三个方面：

1)工期,包括工程开始、工程结束的具体日期以及工程中的一些主要活动的持续时间。工期一般由合同协议书、总工期计划、双方一致同意的详细进度计划等决定。

2)工程质量、工程规模和范围,包括详细且具体的质量、技术和功能等方面的要求,例如建筑面积,项目要达到的生产能力,建筑材料、设计、施工等质量标准和技术规范等。工程质量、工程规模和范围一般由合同条件、图纸、规范、工程量表、供应清单等定义。

3)价格,包括工程总价格、各分项工程的单价和总价等,一般由工程量报价单、中标函或合同协议书等定义。价格一般表示施工单位按合同要求完成工程责任所应得的报酬。

2. 合同规定了双方的经济关系

合同一经签订,合同双方便结成了一定的经济关系。合同规定了双方在合同实施过程中的经济责任、利益和权利。

签订合同,则说明双方互相承担责任,双方居于一个统一体中,共同完成合同的总目标,双方的利益是一致的。但从另一个角度看,合同双方的利益又是不一致的:施工单位的目标是尽可能多地取得工程利润,增加收益并降低成本;建设单位的目标是以尽可能少的费用完成尽可能多的、质量尽可能高的工程。

利益的不一致,会导致工程建设过程中的利益冲突,造成工程实施和管理中双方行为的不一致、不协调甚至产生矛盾。合同是调节这些关系的主要手段,它规定了双方的责任和权益。双方都可以利用合同保护自己的权益,限制和约束对方,所以合同应体现双方经济责任、权利关系的平衡。如果不能保持这种均势,则往往会导致合同一方的失败,或整个工程的失败。

3. 合同是工程建设过程中双方的最高行为准则

工程建设过程中的一切活动都是为了履行合同,都必须按合同办事,双方的行为主要靠合同来约束,所以工程建设过程以合同为核心。

合同一经签订,只要合同合法,双方都必须全面地完成合同规定的责任和义务。如果不能认真履行自己的责任和义务,甚至单方面撕毁合同,则必须受经济的或法律的处罚。除了特殊情况(如不可抗力因素等)使合同不能实施外,合同当事人即使亏本,甚至破产也不能摆脱这种法律的约束力。

4. 合同是工程建设过程中解决双方争议的依据

双方由于经济利益不一致,在工程建设过程中争议是难免的。合同争议是经济利益冲突的表现,它常常起因于双方对合同理解的不一致、合同实施环境的变化、有一方违反合同或未能正确地履行合同等。

争议的判定以合同作为法律依据,即以合同条文判定争议的性质,谁对争议负责,应负什么样的责任等。

合同管理贯穿于项目建设的全过程,包括勘察、设计合同的管理,由于篇幅所限,这里主要介绍建设工程监理合同与施工合同的管理。

第二节　建设工程监理合同管理

建设工程监理合同是指委托人（建设单位）与监理人（工程监理企业）就委托的建设工程监理与相关服务内容签订的明确双方义务和责任的协议。其中，委托人是指委托建设工程监理与相关服务的一方，及其合法的继承人或受让人；监理人是指提供监理与相关服务的一方，及其合法的继承人。

一、建设工程监理合同示范文本

建设工程监理合同签订以《建设工程监理合同（示范文本）》（GF—2012—0202）为依据。该示范文本由协议书（详见附录Ⅱ）、通用条件、专用条件三部分组成，并附有附录A、B。其内容完整、严密，意思表达准确，使用该示范文本可以提高监理合同签订的质量，减少扯皮和合同纠纷。

建设工程监理合同管理

1. 协议书

协议书是一个纲领性的法律文件，明确了当事人双方确定的委托监理工程的概况（工程名称、地点、规模、总投资）；委托人向监理人支付的报酬数额；合同签订及完成时间；双方履行约定的承诺；监理企业确定的负责该工程项目的总监理工程师，以及组成监理合同的文件和词语限定等。

2. 通用条件

建设工程委托监理合同的通用条件，其内容涵盖了合同中所用词语的定义，适用范围和法规，签约双方的责任、权利和义务，合同生效、变更与终止，监理报酬，争议的解决，以及其他一些情况。它是委托监理合同的通用文件，适用于各类建设工程项目的监理工作。

3. 专用条件

由于通用条件适用于各种行业和专业项目的建设工程监理工作，因此其中的某些条款规定得比较笼统，需要在签订具体工程项目监理合同时，结合地域特点、专业特点和委托监理项目的工程特点，对通用条件中的某些条款进行补充、修改。

"补充"是指通用条件中的条款明确规定，在该条款确定的原则下，专用条件的条款中进一步明确具体内容，使两个条件中相同序号的条款共同组成一条内容完备的条款。如在通用条件中规定"建设工程委托监理合同适用的法律是国家法律、行政法规，以及专用条件中议定的部门规章或工程所在地的地方法规、章程"，就具体工程监理项目来说，应在专用条件的相同序号条款内写入履行监理合同必须遵循的地方法规的名称，作为双方都必须遵守的条件。

"修改"是指通用条件中规定的程序方面的内容，如果双方认为不合适，可以协议修改。如在通用条件中规定"委托人对监理人提交的支付通知书中的酬金或部分酬金项目提出异议，应在收到支付通知书24h内向监理人发出异议的通知"，如果委托人认为这个时间太短，在与监理人协商达成一致意见后，可在专用条件的相同序号条款内另行写明具体的延长时间，如改为48h。

二、建设工程监理合同履行

1. 委托人主要义务

1）除专用合同条款另有约定外，委托人应在合同签订后14天内，将委托人代表的姓名、职务、联系方式、授权范围和授权期限书面通知监理人，由委托人代表在其授权范围和授权期限内，代表委托人行使权利、履行义务和处理合同履行中的具体事宜。委托人更换委托人代表的，应提前14天将更换人员的姓名、职务、联系方式、授权范围和授权期限书面通知监理人。

2）委托人应按约定的数量和期限将专用合同条款约定由委托人提供的文件（包括规范标准、承包合同、勘察文件、设计文件等）交给监理人。

3）委托人应在收到预付款支付申请后28天内，将预付款支付给监理人。

4）符合专用合同条款约定的开始监理条件的，委托人应提前7天向监理人发出开始监理通知。监理服务期限自开始监理通知中载明的开始监理日期起计算。

5）委托人应按合同约定向监理人发出指示，委托人的指示应盖有委托人单位章，并由委托人代表签字确认。在紧急情况下，委托人代表或其授权人员可以当场签发临时书面指示。委托人代表应在临时书面指示发出后24h内发出书面确认函，逾期未发出书面确认函的，该临时书面指示应被视为委托人的正式指示。

6）委托人应在专用合同条款约定的时间内，对监理人书面提出的事项做出书面答复；逾期没有做出答复的，视为已获得委托人批准。

7）委托人应当及时接收监理人提交的监理文件。如无正当理由拒收的，视为委托人已接收监理文件。委托人接收监理文件时，应向监理人出具文件签收凭证，凭证内容包括文件名称、文件内容、文件形式、份数、提交和接收日期、提交人与接收人的亲笔签名等。

8）委托人应在收到中期支付或费用结算申请后的28天内，将应付款项支付给监理人。委托人未能在前述时间内完成审批或不予答复的，视为委托人同意中期支付或费用结算申请。委托人不按期支付的，按专用合同条款的约定支付逾期付款违约金。

9）委托人要求监理人进行外出考察、试验检测、专项咨询或专家评审时，相应费用不含在合同价格之中，由委托人另行支付。

10）监理人提出的合理化建议降低工程投资、缩短施工期限或者提高工程经济效益的，委托人应按专用合同条款约定给予奖励。

2. 监理人主要义务

（1）监理工作内容　除专用合同条款另有约定外，监理工作内容包括：

1）收到工程设计文件后编制监理规划，并在第一次工地会议 7 天前报委托人。根据有关规定和监理工作需要，编制监理实施细则。

2）熟悉工程设计文件，并参加由委托人主持的图纸会审和设计交底会议。

3）参加由委托人主持的第一次工地会议；主持监理例会并根据工程需要主持或参加专题会议。

4）审查施工承包人提交的施工组织设计，重点审查其中的质量安全技术措施、专项施工方案与工程建设强制性标准的符合性。

5）检查施工承包人的工程质量、安全生产管理制度及组织机构和人员资格。

6）检查施工承包人专职安全生产管理人员的配备情况。

7）审查施工承包人提交的施工进度计划，核查施工承包人对施工进度计划的调整。

8）检查施工承包人的实验室。

9）审核施工分包人的资质条件。

10）查验施工承包人的施工测量放线成果。

11）审查工程开工条件，对具备条件的签发开工令。

12）审查施工承包人报送的工程材料、构（配）件、设备的质量证明文件的有效性和符合性，并按规定对用于工程的材料采取平行检验或见证取样方式进行抽检。

13）审核施工承包人提交的工程款支付申请，签发或出具工程款支付证书，并报委托人审核、批准。

14）在巡视、旁站和检验过程中，发现工程质量、施工安全存在事故隐患的，要求施工承包人整改并报委托人。

15）经委托人同意，签发工程暂停令和复工令。

16）审查施工承包人提交的采用新材料、新工艺、新技术、新设备的论证材料及相关验收标准。

17）验收隐蔽工程、分部分项工程。

18）审查施工承包人提交的工程变更申请，协调处理施工进度调整、费用索赔、合同争议等事项。

19）审查施工承包人提交的竣工验收申请，编写工程质量评估报告。

20）参加工程竣工验收，签署竣工验收意见。

21）审查施工承包人提交的竣工结算申请并报委托人。

22）编制、整理工程监理归档文件并报委托人。

（2）工程监理职责

1）监理人应按合同协议书的约定签发总监理工程师任命书（详见附录Ⅰ表 A.0.1），总监理工程师应在约定的期限内到职。监理人更换总监理工程师应事先征得委托人同意，并应在更换 14 天前将拟更换的总监理工程师的姓名和详细资料提交给委托人。总监理工程师 2 天内不能履行职责的，应事先征得委托人同意，并委派代表代行其职责。

2）监理人为履行合同发出的一切函件均应盖有监理人单位章或由监理人授权的项目机构章，并由监理人的总监理工程师签字确认。按照专用合同条款约定，总监理工程师可以授权其下属人员履行其某项职责,但事先应将这些人员的姓名和授权范围书面通知委托人和承包人。

3)监理人应在接到开始监理通知之日起7天内,向委托人提交监理项目机构以及人员安排的报告,其内容应包括项目机构设置、主要监理人员和作业人员的名单及资格条件。主要监理人员应相对稳定,更换主要监理人员的,应取得委托人的同意,并向委托人提交继任人员的资格、管理经验等资料。除专用合同条款另有约定外,主要监理人员包括总监理工程师、专业监理工程师等;其他人员包括各专业的监理员、资料员等。

4)除专用合同条款另有约定外,建议监理人根据工程情况对监理责任进行保险,并在合同履行期间保持足额、有效。

5)总监理工程师应当在办理工程质量监督手续前签署工程质量终身责任承诺书,连同法定代表人出具的授权书报送工程质量监督机构备案。总监理工程师应当按照法律法规、有关技术标准、设计文件和工程承包合同进行监理,对施工质量承担监理责任。

6)监理人应当根据法律、规范标准、合同约定和委托人要求实施和完成监理,并编制和移交监理文件。监理文件的深度应满足本阶段相应监理工作的规定要求,满足委托人下一步的工作需要,并应符合国家和行业现行标准的规定。

7)合同履行中,监理人可对委托人的要求提出合理化建议。合理化建议应以书面形式提交委托人。

8)监理人应对施工承包人在缺陷责任期的质量缺陷修复进行监理。

3. 违约责任

(1)委托人违约　在合同履行中发生下列情况之一的,属委托人违约:

1)委托人未按合同约定支付监理报酬。

2)委托人原因造成监理停止。

3)委托人无法履行或停止履行合同。

4)委托人不履行合同约定的其他义务。

委托人发生违约情况时,监理人可向委托人发出暂停监理通知,要求其在限定期限内纠正;逾期仍不纠正的,监理人有权解除合同并向委托人发出解除合同通知。委托人应当承担由于违约所造成的费用增加、周期延误和监理人损失等。

(2)监理人违约　在合同履行中发生下列情况之一的,属监理人违约:

1)监理文件不符合规范标准及合同约定。

2)监理人转让监理工作。

3)监理人未按合同约定实施监理并造成工程损失。

4)监理人无法履行或停止履行合同。

5)监理人不履行合同约定的其他义务。

监理人发生违约情况时,委托人可向监理人发出整改通知,要求其在限定期限内纠正;逾期仍不纠正的,委托人有权解除合同并向监理人发出解除合同通知。监理人应当承担由于违约所造成的费用增加、周期延误和委托人损失等。

三、案例

背景

某住宅工程在施工图设计阶段招标委托施工阶段监理,按《建设工程监理合同(示范文本)》(GF—2012—0202)签订了工程监理合同,该合同未委托相关服务工作,合同实施中发生以下事件:

事件1:建设单位要求监理单位参与项目设计管理和施工招标工作,提出要监理单位尽早编制监理规划。要求编制监理规划与施工图设计同时进行,并在施工招标前向建设单位报送监理规划。

事件2:总监理工程师委托总监理工程师代表组织编制监理规划,要求项目监理机构中的专业监理工程师和监理员全员参与编制,并要求由总监理工程师代表审核批准后尽快报送建设单位。

事件3:编制的监理规划中提出"四控制"的基本工作任务,分别设有"工程质量控制""工程造价控制""工程进度控制"和"安全生产控制"等章节内容;并提出对危险性较大的分部分项工程,应按照当地的安全生产监督机构的要求编制《安全监理专项方案》。

事件4:在深基坑开挖工程准备会议上,建设单位要求项目监理机构尽早提交《深基坑工程监理实施细则》,并要求施工单位根据该细则尽快编制《深基坑工程施工方案》。

事件5:工程某部位大体积混凝土工程施工前,土建专业监理工程师编制了《大体积混凝土工程监理实施细则》,经总监理工程师审批后实施。实施中由于外部条件变化,土建专业监理工程师对监理实施细则进行了补充,考虑到总监理工程师比较繁忙,拟报总监理工程师代表审批后继续实施。

问题

1. 事件1中建设单位的要求有何不妥?试说明理由。
2. 事件2中总监理工程师的做法有何不妥?试说明理由。
3. 指出事件3中监理规划的不正确之处,写出正确做法。
4. 事件4中建设单位的做法是否妥当?试说明理由。
5. 指出事件5中项目监理机构做法的不妥之处,试说明理由。

第三节 建设工程施工合同管理

建设工程施工合同,即建筑安装工程承包合同,是发包人和承包人为完成商定的建筑安装工程,明确相互权利、义务关系的合同。

一、建设工程施工合同示范文本

住建部、国家工商行政管理总局于 2017 年颁布了《建设工程施工合同（示范文本）》（GF—2017—0201），由合同协议书（详见附录Ⅲ）、通用合同条款、专用合同条款三部分组成，并附有 11 个附件。

1. 合同协议书

合同协议书是施工合同的总纲性法律文件，共计 13 条，主要包括：工程概况、合同工期、质量标准、签约合同价和合同价格形式、项目经理、合同文件构成、承诺以及合同生效条件等重要内容，集中约定了合同当事人基本的合同权利与义务。标准化的协议书格式文字量不大，需要结合承包工程特点填写。

2. 通用合同条款

"通用"的含义是所列条款的约定不区分具体工程的行业、地域、规模等特点，只要属于建筑安装工程均可适用。通用合同条款共计 20 条，具体条款分别为：一般约定，发包人，承包人，监理人，工程质量，安全文明施工与环境保护，工期和进度，材料与设备，试验与检验，变更，价格调整，合同价格、计量与支付，验收和工程试车，竣工结算，缺陷责任与保修，违约，不可抗力，保险，索赔和争议解决。这些条款安排既考虑了现行法律法规对工程建设的有关要求，也考虑了建设工程施工管理的特殊需要。

3. 专用合同条款

由于具体实施工程项目的工作内容各不相同，施工现场和外部环境条件各异，因此还必须有反映招标工程具体特点和要求的专用合同条款的约定。专用合同条款是对通用合同条款原则性约定的细化、完善、补充、修改或另行约定的条款。合同当事人可以根据不同建设工程的特点及具体情况，通过双方的谈判、协商对相应的专用合同条款进行修改补充。在使用专用合同条款时，应注意以下事项：

1）专用合同条款的编号应与相应的通用合同条款的编号一致。

2）合同当事人可以通过对专用合同条款的修改，满足具体建设工程的特殊要求，避免直接修改通用合同条款。

3）在专用合同条款中有横道线的地方，合同当事人可针对相应的通用合同条款进行细化、完善、补充、修改或另行约定；如无细化、完善、补充、修改或另行约定，则填写"无"或划"/"。

4. 附件

范本中为使用者提供了"承包人承揽工程项目一览表""发包人供应材料设备一览表""工程质量保修书"等 11 个标准化附件。如果具体项目的实施为包工包料承包方式，则可以不使用"发包人供应材料设备一览表"。

二、订立建设工程施工合同应明确的内容

针对具体施工项目或施工标段的合同需要明确约定的内容较多，除招标时已在招标文件的专用条款中做出了约定的内容之外，还需要在签订合同时对以下事项具体细化相应内容：

1. 明确施工现场范围和施工临时占地

1）发包人应明确说明施工现场永久工程的占地范围并提供征地图纸，以及属于发包人施工前期配合义务的有关事项，如从现场外部接至现场的施工用水、用电、用气的位置等，以便承包人进行合理的施工组织。

2）如果在招标文件中已说明或在承包人投标书内提出要求，项目施工需要临时用地的，也需明确占地范围和临时用地移交承包人的时间。

2. 明确发包人提供图纸的期限和数量

1）标准施工合同适用于发包人提供设计图纸、承包人负责施工的建设项目，由于初步设计完成后即可进行工程招标，因此在订立这类合同时必须明确约定发包人陆续提供施工图纸的期限和数量。

2）对于有专利技术且有相应设计资质的承包人，发包人也可约定由承包人完成部分施工图设计。这种情况应明确承包人的设计范围，提交设计文件的期限、数量，以及监理人签发图纸修改的期限等。

3. 明确发包人代表及发包人提供的材料和工程设备

1）发包人应在专用合同条款中明确其派驻施工现场的发包人代表的姓名、职务、联系方式及授权范围等事项。

2）对于包工部分包料的施工承包方式，往往设备和主要建筑材料由发包人负责提供，需明确约定发包人提供的材料和设备分批交货的种类、规格、数量，以及交货的期限和地点等，以便明确合同责任。

4. 明确异常恶劣的气候条件范围

施工过程中，气候条件对施工的影响是合同管理中比较复杂的问题，遇到异常恶劣的气候条件或不利于施工的气候条件都会直接影响到施工效率，甚至被迫停工。因此，需在合同中明确以下问题：

1）异常恶劣的气候条件属于发包人的责任，而不利气候条件对施工的影响则属于承包人应承担的风险。

2）根据项目所在地的气候特点，在专用合同条款中明确界定不利于施工的气候和异常恶劣的气候条件之间的界限。如多少毫米以上的降水、多少级以上的大风、多少温度以上的超高温或超低温天气等，以明确合同双方对气候变化影响施工的风险责任。

5. 明确合同价格计价形式

发包人和承包人应在合同协议书中明确合同的价格形式。

1）采用单价合同的，合同当事人应在专用合同条款中约定综合单价包含的风险范围和风险费用的计算方法，并约定风险范围以外的合同价格的调整方法。

2）采用总价合同的，合同当事人应在专用合同条款中约定总价包含的风险范围和风险费用的计算方法，并约定风险范围以外的合同价格的调整方法。

6. 明确合同价格调整范围

合同履行期间市场物价的价格浮动对施工成本会造成不同程度的影响，这种情况是否允许调整合同价格，要根据合同工期的长短确定。

1）对于工期在 12 个月以内的工程，适用简明施工合同的规定。施工合同中不设调价条款，承包人在投标报价中合理考虑市场价格变化对施工成本的影响，合同履行期间不考虑市场价格变化调整合同价款。

2）对于工期在 12 个月以上的工程，适用标准施工合同的规定。由于承包人在投标阶段不可能合理预测一年以后的市场价格变化，因此应设有调价条款，由发包人和承包人共同分担市场价格变化的风险。

7. 明确安全施工事项

1）合同当事人有特别要求的，应在专用合同条款中明确施工项目安全生产标准化达标的目标及相应事项。

2）承包人应当按照有关规定编制安全技术措施或专项施工方案，建立安全生产责任制度、治安保卫制度及安全生产教育培训制度。

8. 明确工程保险、工伤保险和其他保险事项

1）工程保险。除专用合同条款另有约定外，发包人应投保建筑工程一切险或安装工程一切险；发包人委托承包人投保的，因投保产生的保险费和其他相关费用由发包人承担。

2）工伤保险。发包人应依照法律规定参加工伤保险，并为在施工现场的全部员工办理工伤保险，缴纳工伤保险费，并要求监理人及由发包人为履行合同聘请的第三方依法参加工伤保险。承包人应依照法律规定参加工伤保险，并为其履行合同的全部员工办理工伤保险，缴纳工伤保险费，并要求分包人及由承包人为履行合同聘请的第三方依法参加工伤保险。

3）其他保险。发包人和承包人可以为其施工现场的全部人员办理意外伤害保险并支付保险费，包括其员工及为履行合同聘请的第三方的人员，具体事项由合同当事人在专用合同条款中约定。除专用合同条款另有约定外，承包人应为其施工设备等办理财产保险。

三、建设工程施工合同的履行

建设工程实施过程中，为保质保量地完成施工任务，项目的发（承）包双方均应按施工合同约定完成相应的义务，而监理人作为受发包人委托的管理人，也应尽监督

管理的义务，如果一方当事人不履行或不按合同约定履行义务，则应承担相应的违约责任。

1. 发包人的主要义务

（1）办理许可或批准手续

1）办理建设项目土地的征用、拆迁补偿等工作，使施工场地具备施工条件，在开工后继续负责解决相关的遗留问题。

2）办理施工许可证及其他施工所需的证件、批件，以及临时用地、停水、停电、中断交通、爆破作业等的申请批准手续（证明承包人自身资质的证件除外）。

（2）提供施工现场和施工条件

1）完成三通一平工作，即将施工所需用水、电力、通信线路等从施工场地外部接至施工现场内，开通施工场地与城乡公共道路的通道，以及施工场地内的主要道路，以满足施工运输的需要，并保证施工期间水电需求和道路畅通。

2）协调处理施工场地周围地下管线和邻近建筑物、构筑物（包括文物和保护性建筑）、古树名木的保护工作，并承担有关费用。

3）按照专用合同条款约定应提供的其他设计和条件。

（3）提供基础资料

1）发包人应当在移交施工现场前向承包人提供施工现场及工程施工所必需的毗邻区域内的供水、排水、供电、供气、供热、通信、广播电视等地下管线资料，气象和水文观测资料，地质勘察资料，相邻建筑物、构筑物和地下工程等有关基础资料，并对所提供资料的真实性、准确性和完整性负责。

2）确定水准点与坐标控制点，以书面形式交给承包人，并进行现场交验。组织承包人和设计单位进行图纸会审，向承包人进行设计交底。

（4）派驻施工现场的发包人代表

1）发包人应派驻工地代表，对工程进度、质量和费用情况进行监督，检查隐蔽工程，办理中间工程的验收手续，负责签证，解决应由发包人解决的问题及其他事宜。

2）发包人代表在授权范围内的行为由发包人承担法律责任，发包人更换发包人代表的，应提前7天书面通知承包人。

3）发包人代表不能按照合同约定履行其职责及义务，并导致合同无法继续正常履行的，承包人可以要求发包人撤换发包人代表。

4）不属于法定必须监理的工程，监理人的职权可以由发包人代表或发包人指定的其他人员行使。

（5）办理资金来源证明及支付担保

1）发包人应向承包人提供能够按照合同约定支付合同价款的相应资金来源证明，向经办银行提出拨款所需文件，以保证资金供应，按时办理划拨和结算手续。

2）除专用合同条款另有约定外，发包人要求承包人提供履约担保的，发包人应当向承包人提供支付担保。支付担保可以采用银行保函或担保公司担保等形式，具体由合同当事人在专用合同条款中约定。

（6）其他事项

1）负责组织监理单位、设计单位和施工单位共同审定施工组织设计、工程价款和竣工结算，负责组织工程竣工。

2）双方在专用条款中约定的发包人应做的其他工作。

发包人可以将上述部分工作委托承包人办理，具体内容由双方在专用合同条款内约定，其费用由发包人承担。发包人未能履行以上各项义务，导致工期延误或给承包人造成损失的，应赔偿承包人的有关损失，延误的工期相应顺延。

2. 监理人在施工监理中的主要义务

工程实行监理的，发包人和承包人应在专用合同条款中明确监理人的监理内容及监理权限等事项。

（1）一般规定

1）监理人应当根据发包人授权及法律规定，代表发包人对工程施工相关事项进行检查、查验、审核、验收，并签发相关指示。

2）除专用合同条款另有约定外，监理人在施工现场的办公场所、生活场所由承包人提供，所发生的费用由发包人承担。

（2）关于监理人指示的规定

1）监理人应按照发包人的授权发出监理指示。监理人的指示应采用书面形式，并经其授权的监理人员签字。

2）紧急情况下，为了保证施工人员的安全或避免工程受损，监理人员可以口头形式发出指示，该指示与书面形式的指示具有同等法律效力，但必须在发出口头指示后24h内补发书面监理指示，补发的书面监理指示应与口头指示一致。

3）监理人发出的指示应送达承包人项目经理或经项目经理授权接收的人员。承包人对监理人发出的指示有疑问的，应向监理人提出书面异议，监理人应在48h内对该指示予以确认、更改或撤销，监理人逾期未回复的，承包人有权拒绝执行上述指示。

4）监理人对承包人的任何工作、工程或其采用的材料和工程设备未在约定的或合理期限内提出意见的，视为批准，但不免除或减轻承包人对该工作、工程、材料、工程设备等应承担的责任和义务。

（3）关于监理人商定或确定事项的规定

1）发（承）包双方进行商定或确定时，总监理工程师应当会同合同当事人尽量通过协商达成一致，不能达成一致的，由总监理工程师按照合同约定审慎做出公正的确定。

2）总监理工程师应将确定以书面形式通知发包人和承包人，并附详细依据。发（承）包双方对总监理工程师的确定没有异议的，按照总监理工程师的确定执行。

3）任何一方合同当事人有异议，按照争议解决约定处理。

①争议解决前，合同当事人暂按总监理工程师的确定执行。

②争议解决后，争议解决的结果与总监理工程师的确定不一致的，按照争议解决的结果执行，由此造成的损失由责任人承担。

3. 承包人的主要义务

承包人在履行合同过程中应遵守法律和工程建设标准、规范的规定，并履行以下义务：

（1）办理相关手续和事宜

1）办理法律规定应由承包人办理的许可和批准，并将办理结果书面报送发包人留存。

2）向发包人提供专用合同条款约定的施工场地办公和生活的房屋及设施，发包人承担由此发生的费用。根据工程需要，提供和维修非夜间施工使用的照明、围栏设施，并负责安全保卫。

3）遵守政府有关主管部门对施工场地交通、施工噪声以及环境保护和安全生产等的管理规定，按规定办理有关手续，并以书面形式通知发包人，发包人承担由此发生的费用，但因承包人责任造成的罚款除外。

（2）编制施工方案和计划

1）按合同约定的工作内容和施工进度要求，编制施工组织设计和施工措施计划，并对所有施工作业和施工方法的完备性和安全可靠性负责。

2）按双方商定的分工范围，做好材料、设备的采购供应和管理。及时向发包人提供年度、季度、月度工程进度计划及相应进度统计报表。

（3）做好现场各项管理工作

1）严格按照施工图与其他设计文件进行施工，确保施工质量，按合同规定的时间如期完工和交付使用。

2）做好施工场地地下管线和邻近建筑物、构筑物（包括文物和保护性建筑）、古树名木的保护工作，保证施工场地清洁并符合环境卫生管理的有关规定，交工前清理现场并达到专用合同条款约定的要求。

3）合同履行期间，承包人应按安全生产法律的规定及合同的约定履行安全职责，如实编制工程安全生产的有关记录，接受发包人、监理人及政府安全监督部门的检查与监督。并有权拒绝发包人及监理人强令承包人违章作业、冒险施工的任何指示。

4）承包人应在施工组织设计中列明环境保护的具体措施，在合同履行期间，承包人应采取合理措施保护施工现场环境。对施工作业过程中可能引起的大气、水、噪声以及固体废物污染的情况采取具体可行的防范措施。

（4）做好竣工移交工作及保修事宜

1）在工程移交之前，承包人应当从施工现场清除承包人的全部工程设备、多余材料、垃圾和各种临时工程，并保持施工现场清洁整齐。

2）经发包人书面同意，承包人可在发包人指定的地点保留承包人为履行保修期内的各项义务所需要的材料、施工设备和临时工程。

3）按照有关规定提供竣工验收技术资料，办理竣工结算，参加竣工验收。

4）在合同规定的保修期内，对属于承包人责任的工程质量问题，应负责无偿修理。

（5）其他工作　双方在专用合同条款内约定的承包人应做的其他工作。例如，按照法律规定和合同约定编制竣工资料，完成竣工资料立卷及归档，并按专用合同条款约定的竣工资料的套数、内容、时间等要求移交给发包人等。

四、建设工程施工合同的违约责任

发（承）包双方在合同履行的过程中出现违约行为时，都将承担相应的违约责任。其中，发包人的违约行为不仅包括因发包人自身的原因造成的违约行为，也包括监理工程师的原因造成的违约行为。

1. 发包人、承包人的违约行为

（1）发包人自身原因造成的违约行为

1）因发包人原因未能在计划开工日期前7天内下达开工通知的。

2）发包人不按合同约定按时支付工程预付款、工程进度款，导致施工无法进行的。

3）发包人违反变更的范围约定，自行实施被取消的工作或转由他人实施的。

4）发包人提供的材料、工程设备的规格、数量或质量不符合合同约定，或因发包人原因导致交货日期延误或交货地点变更等情况的。

5）因发包人违反合同约定造成暂停施工的；发包人无正当理由没有在约定期限内发出复工指示，导致承包人无法复工的。

6）发包人无正当理由不支付工程竣工结算价款的。

7）发包人明确表示或者以其行为表明不履行合同主要义务的。

8）发包人未能按照合同约定履行其他义务的。

（2）发包人因监理工程师的原因造成的违约行为　由于监理工程师是代表发包人进行工作的，因此当其行为与合同约定不符时，也应视为发包人的违约。发包人承担违约责任后，可以根据监理委托合同追究监理单位相应的责任。

1）合同约定应该由监理工程师完成的工作，监理工程师没有完成或没有按照约定完成，给承包人造成损失的，应当由发包人承担违约责任。

2）因监理人未能按合同约定发出指示、指示延误或发出了错误指示而导致承包人费用增加和（或）工期延误的，应当由发包人承担相应责任。

3）监理人无权修改合同，且无权减轻或免除合同约定的承包人的任何责任与义务，合同约定应由承包人承担的义务和责任，不因监理人对承包人提交文件的审查或批准，对工程、材料和设备的检查和检验，以及为实施监理做出的指示等职务行为而减轻或解除。

（3）承包人的违约行为　承包人的违约行为是指因承包人自身原因造成的违约行为，主要有如下内容：

1）承包人违反合同约定进行转包或违法分包的。

2）承包人违反合同约定采购和使用不合格的材料和工程设备的。

3）因承包人原因导致工程质量不符合合同要求的。

4）承包人违反材料与设备专用要求的约定，未经批准，私自将已按照合同约定进入施工现场的材料或设备撤离施工现场的。

5）承包人未能按施工进度计划及时完成合同约定的工作，造成工期延误的。

6）承包人在缺陷责任期及保修期内，未能在合理期限对工程缺陷进行修复，或拒绝按发包人要求进行修复的。

7）承包人明确表示或者以其行为表明不履行合同主要义务的。

8）承包人未能按照合同约定履行其他义务的。

2. 发包人违约的处理

（1）承包人有权暂停施工

1）除了发包人不履行或无力履行合同义务的情况外，对于发包人的违约行为，承包人应向发包人发出通知，要求发包人采取有效措施纠正违约行为。

2）发包人收到承包人通知后的28天内仍不履行合同义务的，承包人有权暂停施工，并通知监理人。发包人应承担由此增加的费用和（或）工期延误，并支付承包人合理利润。

3）承包人暂停施工28天后，发包人仍不纠正违约行为的，承包人可向发包人发出解除合同通知。但承包人的这一行为并不免除发包人承担的违约责任，也不影响承包人根据合同约定享有的索赔权利。

（2）解除合同 对于发包人不履行或无力履行合同义务的情况，承包人可书面通知发包人解除合同。因发包人违约而解除合同后，承包人应尽快完成施工现场的清理工作，妥善做好已竣工工程和已购材料、设备的保护和移交工作，并按发包人要求将承包人的设备和人员撤出施工场地。

（3）解除合同后的结算 发包人应在解除合同后28天内向承包人支付下列款项：

1）合同解除前所完成工作的价款。

2）承包人为该工程施工订购并已付款的材料、工程设备和其他物品的价款。发包人付款后，该材料、工程设备和其他物品归发包人所有。

3）承包人为完成工程所发生的，而发包人未支付的金额。

4）承包人撤离施工场地以及遣散承包人人员的赔偿金额。

5）由于解除合同应赔偿的承包人损失。

6）按合同约定在合同解除前应支付给承包人的其他金额。

发包人应按合同的约定支付上述价款并退还质量保证金和履约担保，但有权要求承包人支付应偿还给发包人的各项金额。

3. 承包人违约的处理

对于承包人不履行或无力履行合同义务的情况，发包人可通知承包人立即解除合同。对于承包人违反合同规定的情况，监理人应向承包人发出整改通知，要求其在指定的期限内改正，承包人应承担其因违约所引起的费用增加和（或）工期延误。监理人发出整

改通知28天后,承包人仍不纠正违约行为的,发包人可向承包人发出解除合同通知。对于因承包人违约解除合同的处理程序如下:

(1) 发包人进驻施工现场　合同解除后,发包人可派人员进驻施工场地,另行组织人员或委托其他承包人施工。发包人因继续完成该工程的需要,有权使用承包人在施工现场的材料、设备、临时工程、承包人文件和由承包人或以其名义编制的其他文件,合同当事人应在专用合同条款中约定相应费用的承担方式,发包人继续使用的行为不免除或减轻承包人应承担的违约责任。

(2) 合同解除后的结算　监理人与发(承)包双方协商承包人实际完成工作的价值,以及承包人已提供的材料、工程设备和临时工程等的价值。无法达成一致时,由监理人单独确定。

1) 合同解除后,发包人应暂停对承包人的一切付款,查清各项付款和已扣款金额,包括承包人应支付的违约金。

2) 发包人应按合同的约定向承包人索赔由于解除合同给发包人造成的损失。

3) 合同双方确认上述往来款项后,发包人出具最终结清付款证书,并结清全部合同款项。发包人和承包人未能就解除合同后的结清达成一致的,按合同约定解决争议的方法处理。

(3) 承包人已签订其他合同的转让　因承包人违约而解除合同的,发包人有权要求承包人将其为实施合同而签订的材料和设备的订货合同或任何服务协议转让给发包人,并在解除合同后的14天内,依法办理转让手续。

五、案例

案例1

背景

某小区住宅工程,合同价为2500万元,工期为2年,建设单位委托某监理公司实施施工阶段监理,建设单位与监理单位签订了监理合同。签订的监理合同中有以下内容:

(1) 监理单位是本工程的最高管理者。
(2) 监理单位应维护建设单位的利益。
(3) 建设单位与监理单位实行合作监理,即建设单位具有监理工程师资格的人也参与监理工作。
(4) 上述参与监理工作的建设单位人员作为甲方代表与监理单位联系。
(5) 上述参与监理工作的建设单位人员可以直接向承包单位下达指令。
(6) 监理单位进行质量控制,进度与造价控制由建设单位行使管理权力。
(7) 由于监理单位工作努力,使工期提前,监理单位与建设单位分享利益。

问题

该监理合同有何不妥之处?为什么?

案例2

背景

建设单位将某工程委托给某监理单位进行施工阶段的监理。在委托监理合同中,对建设单位和监理单位的权利、义务和违约责任所做的部分约定如下:

(1) 在施工期间,任何工程设计变更均须经过监理方审查、认可,并发布变更指令后方为有效,实施变更。

(2) 监理方应在建设单位的授权范围内对委托的建设工程项目实施施工监理。

(3) 监理方发现工程设计中的错误或有不符合建筑工程质量标准的要求时,有权要求设计单位改正。

(4) 监理方仅对本工程的施工质量实施监督控制,建设单位则实施进度控制和投资控制任务。

(5) 监理方在监理工作中仅维护建设单位的利益。

(6) 监理方有审核批准索赔权。

(7) 监理方对工程进度款支付有审核签认权;建设单位有独立于监理方之外的自主支付权。

(8) 在合同责任期内,监理方未按合同要求的职责履行约定的义务,或建设单位违背合同约定的义务,双方均应向对方赔偿造成的经济损失。

(9) 当事人一方要求变更或解除合同时,应当在45日前通知对方,因解除合同使一方遭受损失的,除依法免除责任的外,应由责任方负责赔偿。

(10) 当建设单位认为监理方无正当理由而又未履行监理义务时,可向监理方发出指明其未履行义务的通知。若建设单位发出通知后21日内没有收到答复,可在第一个通知发出后35日内发出终止委托监理合同的通知,合同即行终止。监理方承担违约责任。

(11) 在施工期间,因监理单位的过失发生重大质量事故,监理单位应付给建设单位相当于质量事故经济损失20%的罚款。

(12) 监理单位有发布开工令、停工令、复工令等指令的权力。

问题

在上述合同条款中有无不妥之处?如有不妥,写出正确做法。

本章小结

合同是当事人之间设立、变更和终止民事权利和义务关系的协议。它作为一种法律手段在具体问题中对签订合同的双方实行必要的约束。建设工程监理合同是指委托人(建设单位)与监理人(工程监理企业)就委托的建设工程监理与相关服务内容签订的明确双方义务和责任的协议。建设工程施工合同是发包人和承包人为完成商定的建筑安装工程，明确相互权利、义务关系的合同。依照建设工程施工合同，承包方应完成一定的建筑、安装工程任务，发包方应提供必要的施工条件并支付工程价款。

 综合实训

第七章综合实训

素养小提升

2020年11月22日，甲房地产公司就某一住宅建设项目进行公开招标，乙建筑公司中标。12月14日甲向乙发出中标通知书，中标通知书中载明：工程面积74781m^2，中标价8000万元。甲要求乙12月28日开工。乙按甲要求，先做施工准备，并进场，于12月28日完成了开工仪式。但由于双方对合同细节认识不一致，甲希望将其中一个专项工程分包而导致未能签合同。2021年3月1日，甲函告乙将另行落实施工队伍，乙诉至法院，要求继续履行合同，并要求甲赔偿违约损失500万元。甲认为合同未成立，双方并没有合同关系，因此有权另行确定施工方。最后法院判决甲赔偿乙实际损失196万元，但未对继续履行合同做出处理。乙公司中标了却没有签订合同，虽然可以得到赔偿，但很难继续承包该工程，在此期间耗费的时间、精力也无法得到赔偿。

签订合同是保护自己合法权益的重要手段，是督促对方履行义务的必要条件。签订了合同就是做出了承诺，就应该认真按合同履行承诺，我们不仅要做"言而有信"的人，更要注意在合法合规的前提下保护自己的权益不受侵害。

第八章 建设工程风险管理

> **学习目标**
>
> 了解建设工程风险管理的概念；熟悉风险的类别、风险的管理内容、风险识别的过程；掌握风险的评价方法和采用的相应对策。

第一节 概 述

一、风险的定义

风险的概念可以从经济学、保险学、风险管理等不同的角度解释，但尚无统一的定义。一种普遍的表述为：在特定情况和特定时间内，可能发生的结果之间的差异（或实际结果与预期结果之间的差异）。这个提法主要强调结果的差异，差异越大则风险越大。另一种表述为：风险是与出现损失有关的不确定性。它强调不利事件发生的不确定性。

由上述解释可知，构成风险要具备两个条件：一是不确定性；二是产生损失后果，否则就不能称为风险。因此，肯定发生损失后果的事件不是风险，没有损失后果的不确定性事件也不是风险。

二、风险的相关概念

与风险相关的概念有风险因素、风险事件、损失、损失机会。

1. 风险因素

风险因素是指能产生或增加损失概率和损失程度的条件或因素，它是风险事件发生的潜在原因，是造成损失的内在或间接原因。风险因素通常可分为以下三种：

（1）自然风险因素　自然风险因素是指能直接导致某种风险的事物，如恶劣天气导致的工程事故和人员伤亡。

（2）道德风险因素　道德风险因素是指与人的品德修养有关的，能导致某种风险的因素，如与工程合同、费用相关的欺诈行为。

（3）心理风险因素　心理风险因素是指与人的心理状态有关的，能导致某种风险的因素，如投保后疏于对损失的防范。

2. 风险事件

风险事件是指造成损失的偶发事件，是造成损失的外在原因或直接原因，如失火、地震、雷电、抢劫等事件。要注意把风险事件与风险因素区分开来，例如，汽车的制动系统失灵导致车祸使人员伤亡，这里制动系统失灵是风险因素，而车祸是风险事件。

3. 损失

损失是指非故意的、非计划的和非预期的经济价值的减少，通常以货币单位来衡量。损失可分为直接损失和间接损失两种。

4. 损失机会

损失机会是指损失出现的概率。概率分为客观概率和主观概率两种。客观概率是指某事件在较长时期内发生的频率；而主观概率是指个人对某事件发生可能性的估计。

风险因素、风险事件、损失和风险四者之间的关系如图 8-1 所示，即风险因素引发风险事件，风险事件导致损失，而损失所形成的结果就是风险。有学者形象地用"多米诺骨牌理论"来描述各张"骨牌"之间的关系：一旦风险因素这张"骨牌"倾倒，其他"骨牌"都将相继倾倒。因此，为了预防风险、降低风险损失，就需要从源头上抓起，力求使风险因素这张"骨牌"不倾倒，同时尽可能提高其他"骨牌"的稳定性，即在前一张"骨牌"倾倒的情况下，其后的"骨牌"仅仅是倾斜而不倾倒或即使倾倒也要缓慢倾倒而不是瞬间倾倒。

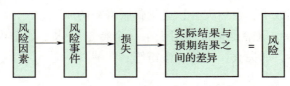

图 8-1 风险因素、风险事件、损失与风险四者之间的关系

三、风险的分类

风险可以从不同的角度进行分类，常见的风险分类方式主要有以下几种：

1. 按风险所造成的后果分类

按照风险所造成的后果不同，可以将风险分为纯风险和投机风险两种。

（1）纯风险　纯风险是指只会造成损失而不会带来收益的风险。如自然灾害，一旦发生，将会导致重大损失，甚至人员伤亡；如果不发生，不会造成损失，也不会带来额外的收益。

（2）投机风险　投机风险是指既可能造成损失也可能创造额外收益的风险。如一项投资决策可能带来巨大的投资收益，也可能由于决策失误造成损失。

2. 按风险产生的原因分类

按照风险产生原因的性质不同，可将风险分为政治风险、经济风险、自然风险、技术风险、商务风险、信用风险和其他风险。

（1）政治风险　政治风险是指工程项目所在地的政治背景及其变化可能带来的风险，不稳定的政治环境可能给各市场主体带来风险。

（2）经济风险　经济风险是指国家或社会一些大的经济因素的变化带来的风险，如通货膨胀导致材料价格上涨、汇率变化带来的损失等。

（3）自然风险　自然风险是指自然因素带来的风险，如工程实施过程中出现地震、洪水等造成损失。

（4）技术风险　技术风险是指一些技术的不确定性可能带来的风险，如设计文件的失误、采用新技术的失误等。

（5）商务风险　商务风险是指合同条款中有关经济方面的条款和规定可能带来的风险，如风险分配、支付等方面的条款明示或隐含的风险。

（6）信用风险　信用风险是指合同一方的业务能力、管理能力、财务能力等有缺陷或者没有圆满履行合同而给合同另一方带来的风险。

（7）其他风险　其他风险是指上述六项中未包括，但建设工程可能面临的风险，如当地风俗可能带来的风险。

3. 按风险的影响范围分类

按照风险的影响范围大小，可以将风险分为基本风险和特殊风险。

（1）基本风险　基本风险是指作用于整个经济或大多数人群的风险。这种风险影响范围大、后果严重，如战争、自然灾害、通货膨胀带来的风险。

（2）特殊风险　特殊风险是指仅作用于某一个特定单体（如个人或企业）的风险。这种风险不具有普遍性，如失火、抢劫、盗窃等。

四、建设工程风险管理

1. 建设工程风险管理的概念

风险管理是指人们对潜在的意外损失进行辨识与评估，并根据具体情况采取相应措施进行处理的过程，从而在主观上尽可能做到有备无患，或在客观上无法避免时，能寻求切实可行的补救措施，减少或避免意外损失的发生。

建设工程风险管理是指参与工程项目建设的各方，如承包方和勘察单位、设计单位、监理企业等在工程项目的筹划、勘察设计、工程施工各阶段采取的辨识、评估、处理工程项目风险的管理过程。

由于建设工程风险大，参与工程建设的各方均有风险，但各方的风险不尽相同。因此，在对建设工程风险进行具体分析时，必须明确从哪一方面进行分析。由于监理企业是受建设单位委托，代表建设单位的利益来进行项目管理，因此本章主要考虑建设单位在建设工程实施阶段的风险及其相应的风险管理问题。由于特定的工程项目风险，各方预防和处理的难易程度不同，通过平衡、分配，由最适合的当事人进行风险管理，可显著降低发生风险的可能性和风险带来的损失。由于建设单位在工程建设的过程中处于主导地位，因此建设单位可以通过合理选择承（发）包模式、合同类型和合同条款，进行风险的合理分配。

2. 建设工程风险管理的过程

风险管理就是一个识别、确定和度量风险，并制定、选择和实施风险处理方案的过程，通常包括风险识别、风险评价、风险对策的决策、实施决策、检查五个环节性内容。

（1）风险识别 风险识别是风险管理中的首要步骤，是指通过一定的方式，系统而全面地识别出影响建设工程目标实现的风险事件并加以适当归类的过程。必要时，还需对风险事件的后果做出定性的估计。

（2）风险评价 风险评价是将建设工程风险事件的发生可能性和损失后果进行量化的过程。这个过程在系统地识别建设工程风险与合理地做出风险对策的决策之间起着重要的桥梁作用。风险评价的结果主要在于确定各种风险事件发生的概率及其对建设工程目标影响的严重程度，如投资增加的数额、工期延误的天数等。

（3）风险对策的决策 风险对策的决策是确定建设工程风险事件最佳对策组合的过程。一般来说，风险管理中所运用的对策有以下四种：风险回避、损失控制、风险自留和风险转移。这些风险对策的适用对象各不相同，需要根据风险评价的结果，对不同的风险事件选择最适宜的风险对策，从而形成最佳的风险对策组合。

（4）实施决策 对风险对策所做出的决策还需要进一步落实到具体的计划和措施，例如，制订预防计划、灾难计划、应急计划等；在决定购买工程保险时，要选择保险公司，并确定恰当的保险范围、免赔额、保险费等。这些都是实施风险对策的决策的重要内容。

（5）检查 在建设工程实施过程中，要对各项风险对策的执行情况不断地进行检查，并评价各项风险对策决策的执行效果；在工程实施条件发生变化时，要确定是否需要提出不同的风险处理方案。除此之外，还需要检查是否有被遗漏的工程风险或者发现新的工程风险，也就是进入新一轮的风险识别，开始新一轮的风险管理过程。

3. 建设工程风险管理的目标

风险管理是一项有目的的管理活动，只有目标明确，才能进行评价与考核，从而起到有效的作用。在确定风险管理的目标时，通常要考虑风险管理目标与风险管理主体的总体目标相一致；要使目标具有实现的客观可能性，同时目标必须明确，以便于正确选择和实施各种方案，并对其实施效果进行客观评价；此外，目标必须具有层次性，以利于区分目标的主次，提高风险管理的综合效果。

从风险管理目标与风险管理主体的总体目标相一致的角度出发，建设工程风险管理的目标可具体地表述为：

1）实际投资不超过计划投资。
2）实际工期不超过计划工期。
3）实际质量满足预期的质量要求。
4）建设过程安全。

因此，从风险管理目标的角度分析，建设工程风险可分为投资风险、进度风险、质量风险和安全风险。

第二节　建设工程风险识别

建设工程风险识别具有个别性、主观性、复杂性和不确定性的特点，多数情况下风险并不显而易见，或隐藏在工程项目实施的各个环节，或被种种假象所掩盖。因此，识别风险要讲究方法，特别要根据工程项目风险的特点，采用具有针对性的识别方法和手段。

一、风险识别的原则

在风险识别的过程中应遵循以下原则：

（1）由粗及细，由细及粗　由粗及细是指对风险因素进行全面分析，并通过多种途径对工程风险进行分解，逐渐细化，以获得对工程风险的广泛认识，从而得到工程初始风险清单。而由细及粗是指从工程初始风险清单的众多风险中，根据同类建设工程的经验以及对拟建建设工程具体情况的分析和风险调查，确定那些对建设工程目标实现有较大影响的工程风险作为主要风险，即作为风险评价以及风险对策的决策的主要对象。

（2）严格界定风险内涵并考虑风险因素之间的相关性　对各种风险的内涵要严格加以界定，不要出现重复和交叉现象。另外，还要尽可能考虑各种风险因素之间的相关性，如主次关系、因果关系、互斥关系、正相关关系、负相关关系等。应当说，在风险识别阶段考虑风险因素之间的相关性有一定的难度，但至少要做到严格界定风险内涵。

（3）先怀疑，后排除　对于所遇到的问题都要考虑其是否存在不确定性，不要轻易否定或排除某些风险，要通过认真的分析进行确认或排除。

（4）排除与确认并重　对于肯定可以排除和肯定可以确认的风险应尽早予以排除和确认。对于一时既不能排除也不能确认的风险再做进一步的分析，予以排除或确认。最后，对于肯定不能非除但又不能肯定予以确认的风险按确认考虑。

（5）必要时，可做实验论证　对于某些按常规方式难以判定其是否存在，也难以确定其对建设工程目标影响程度的风险，尤其是技术方面的风险，必要时可做实验论证，如抗震实验、风洞实验等。这样做的结论可靠，但要以付出费用为代价。

二、风险识别的过程

建设工程自身及其外部环境的复杂性，给人们全面地、系统地识别工程风险带来了许多具体的困难，同时也要求明确建设工程风险识别的过程。由于建设工程风险识别的方法与风险管理理论中提出的一般的风险识别方法有所不同，因而其风险识别的过程也有所不同。建设工程的风险识别往往是通过对经验数据的分析、风险调查、专家咨询以及实验论证等方式,对建设工程风险进行多维分解。通过风险分解,不断找出新的风险,最终形成建设工程风险清单,作为风险识别过程的结束。

建设工程风险识别的过程如图8-2所示,其核心工作是建设工程风险分解和识别建设工程风险因素、风险事件及后果。

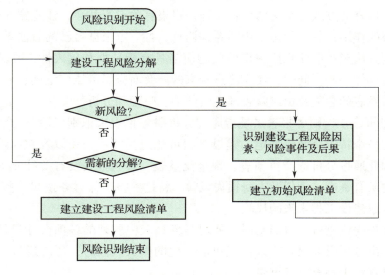

图8-2 建设工程风险识别的过程

三、建设工程风险分解

建设工程风险分解是指根据工程风险的相互关系将其分解成若干个子系统。分解的程序要足以使人们容易地识别出建设工程的风险,使风险识别具有较好的准确性、完整性和系统性。

通常根据建设工程的特点,可以从以下方面进行建设工程的风险分解:

(1)目标维 目标维是指按照所确定的建设工程目标进行分解,即考虑影响建设工程投资、进度、质量和安全目标实现的各种风险。

(2)时间维 时间维是指按照基本建设程序的各个阶段进行分解,也就是分别考虑决策阶段、设计阶段、招标阶段、施工阶段、竣工验收阶段等各个阶段的风险。

(3)结构维 结构维是指按建设工程组成内容进行分解,如按照不同的单项工程、单位工程分别进行风险识别。

(4)因素维 因素维是指按照建设工程风险因素的分类进行分解,如政治、社会、经济、自然、技术和信用等方面的风险。

在风险分析过程中,往往需要将几种分解方式组合起来使用,才能达到目的。常用的一种组合方式是由时间维、目标维、结构维三方面从总体上进行建设工程风险的分解。

四、风险识别的方法

建设工程风险识别的方法主要有专家调查法、财务报表法、流程图法、初始风险清单法、经验数据法和风险调查法。

(1) 专家调查法　专家调查法是指向有关专家提出问题,了解相关风险因素,并获得各种信息。调查的方式通常有两种:一种是召集有关专家开会,让专家充分发表意见,起到集思广益的作用;另一种是采用问卷式调查,各专家根据自己的看法单独填写问卷。在采用专家调查法时,应注意所提出的问题应当具有指导性和代表性,并具有一定的深度,还要尽量具体一些。同时,还应注意专家的涉及面应尽可能广泛些,有一定代表性。最后,对专家发表的意见要由风险管理人员归纳、整理和分析。

(2) 财务报表法　财务报表法是指通过分析财务报表来识别风险的方法。财务报表法有助于确定一个特定企业或特定的建设工程可能遭受哪些损失以及在何种情况下遭受这些损失,因此通过分析资产负债表、现金流量表、营业报表及有关补充资料,可以识别企业当前的所有资产、责任及人身损失风险。将这些报表与财务预测、预算结合起来,可以发现企业或建设工程未来的风险。

采用财务报表法进行风险识别时,要对财务报表中所列的各项会计科目做深入的分析研究,并提出分析研究报告,以确定可能产生的损失。同时,还应通过一些实地调查以及其他信息资料来补充财务记录。

(3) 流程图法　流程图法是将一项特定的生产或经营活动按步骤或阶段、顺序以若干个模块形式组成一个流程图系列,在每个模块中都标出各种潜在的风险因素或风险事件,从而给决策者一个清晰的总体印象。对于建设工程,可以按时间维划分各个阶段,再按照因素维识别各阶段的风险因素或风险事件。

(4) 初始风险清单法　由于建设工程面临的风险有些是共同的,因此,对于每一个建设工程风险的识别不必均从头做起。只要采取适当的风险分解方式,就可以找出建设工程中经常发生的典型的风险因素和相应的风险事件,从而形成初始风险清单。在风险识别时可以从初始风险清单入手,这样做既可以提高风险识别的效率,又可以降低风险识别的主观性。

初始风险清单的建立途径有两种。一种是采用保险公司或风险管理学会(协会)公布的潜在损失一览表作为基础,风险管理人员再结合本企业所面临的潜在损失予以具体化,从而建立特定企业的风险一览表。但是,目前的潜在损失一览表都是对企业风险进行公布的,还没有针对建设工程风险的一览表,因此,这种方法对建设工程风险的识别作用不大。另一种是通过适当的风险分解方式来识别风险,这是建立建设工程初始风险清单的有效途径。对于大型、复杂的建设工程,通常可以按照单项工程、单位工程分解,再将其按照时间维、目标维和因素维进行分解,从而形成建设工程初始风险清单。表8-1为建设工程初始风险清单的一个示例。

表 8-1　建设工程初始风险清单

风险因素		典型风险事件
技术风险	设计	设计内容不全、设计缺陷、错误和遗漏，应用规范不恰当，地质条件考虑不周，未考虑施工可能性等
	施工	施工工艺落后，施工技术和方案不合理，施工安全措施不当，应用新技术失败，未考虑场地情况，技术措施不合理
	其他	工艺设计未达到先进性指标，工艺流程不合理，未考虑操作安全性
非技术风险	自然与环境	洪水、地震等自然灾害，不明的水文地质条件，复杂的地质条件，恶劣气候
	政治、法律	法律及规章的变化，战争和骚乱，罢工，经济制裁或禁运等
	经济	通货膨胀或紧缩，汇率变动，市场动荡，社会各种征费的变化，资金不到位，资金短缺等
	合同	合同条款表述错误，合同类型选择不当，合同纠纷处理不利
	人员	工人、建设单位、设计人员、技术员、管理人员素质（能力、效率、责任心、品德）差
	材料、设备	材料和设备供货不及时，质量差，设备不配套，安装失误，选型不当等
	组织协调	建设单位与设计方的协调不充分，建设单位方与政府相应管理部门未协调好，监理与施工单位未协调好等

在使用初始风险清单法时必须明确一点，那就是初始风险清单并不是风险识别的最终结论，它必须结合特定建设工程的具体情况进一步识别风险，修正初始风险清单。因此，这种方法必须与其他方法结合起来使用。

（5）经验数据法　经验数据法又称为统计资料法。它是根据已建各类建设工程与风险有关的统计资料来识别拟建工程的风险。

统计资料的来源主要是参与项目建设的各方主体，如房地产开发商、施工单位、设计单位、监理企业，以及从事建设工程咨询的咨询单位等。虽然不同的风险管理主体从各自的角度保存着相应的数据资料，其各自的初始风险清单一般会有所差异，但是，当统计资料足够多时，借此建立的初始风险清单基本可以满足对建设工程风险识别的需要，因此这种方法一般与初始风险清单法结合使用。

（6）风险调查法　虽然建设工程会面临一些共同的风险，但是不同的建设工程不可能有完全一致的工程风险。因此在建设工程风险识别的过程中，花费人力、物力和财力进行风险调查是必不可少的。

风险调查法就是从分析具体建设工程的特点入手，一方面对通过其他方法已经识别出的风险进行鉴别和确认；另一方面，通过风险调查，有可能发现此前尚未识别出的重要工程风险。

风险调查可以从组织、技术、自然及环境、经济、合同等方面分析拟建建设工程的特点以及相应的潜在风险。也可采用现场直接考察结合向有关行业或专家咨询等形式进行风险调查，如工程投标报价前施工单位进行现场踏勘，可以取得现场及周围环境的第一手资料。

应当注意，风险调查不是一次性的行为，而应当在建设工程实施全过程中不断地进行，这样才能随时了解不断变化的条件对工程风险状态的影响。当然，随着工程的开展，风险调查的内容和重点会有所不同。

综上所述，风险识别的方法有很多，但是在识别建设工程风险时，不能仅仅依靠一种方法，必须将若干种方法综合运用，才能取得较为满意的结果。而且不论采用何种风险识别的方法，风险调查法都是必不可少的风险识别方法。

第三节　建设工程风险评价

系统而全面地识别建设工程风险只是风险管理的第一步，只有对风险有一个确切的风险评价，才有可能做出正确的风险对策。风险评价可以采用定性和定量两种方法来进行。

定性风险评价方法有专家打分法、层次分析法等，其作用在于区分出不同风险的相对严重程度以及根据预先确定的可接受的风险水平（有文献称为"风险度"）做出相应的决策。

从广义上讲，定量风险评价方法也有许多种，如敏感性分析、盈亏平衡分析、决策树、随机网络等。但是，这些方法大多有较为确定的适用范围，如敏感性分析用于项目财务评价，随机网络用于进度计划。本节将以风险量函数理论为出发点，说明如何定量评价建设工程风险。

一、风险衡量

识别了工程项目所面临的各种风险以后，应当分别对各种风险进行衡量，从而进行比较，以确定各种风险的相对重要性。根据风险的基本概念可知，损失发生的概率和这些损失的严重性是影响风险大小的两个基本因素。因此，在定量评价建设工程风险时，首要工作是将各种风险的发生概率及其潜在损失定量化，这一工作就称为风险衡量。

二、风险量函数

风险量是指各种风险的量化结果，其数值大小取决于各种风险的发生概率及其潜在损失。以 R 代表风险量，以 p 表示风险的发生概率，以 q 表示潜在损失，则 R 可以表示为 p 和 q 的函数，即

$$R = f(p, q) \tag{8-1}$$

式（8-1）反映了风险量的基本原理，具有一定的通用性，其应用前提是能通过适当的方式建立关于 p 和 q 的连续性函数。但是，这一点很难做到。在大多数情况下，以

离散形式来定量表示风险的发生概率和潜在损失，此时，风险量函数可表示为

$$R = \sum p_i q_i \tag{8-2}$$

式中　i——风险事件的数量，$i=1,2,\cdots,n$。

如果用横坐标表示潜在损失 q，用纵坐标表示风险发生的概率 p，就可以根据风险量函数，在坐标上标出各种风险事件的风险量的点，将风险量相同的点连接而成的曲线称为等风险量曲线，如图 8-3 所示。在图 8-3 中 R_1、R_2、R_3 为三条不同的等风险量曲线。不同的等风险量曲线所表示的风险量大小与风险坐标原点的距离成正比，即离原点越近，风险量曲线上的风险越小；反之越大。由此就可以将各种风险根据风险量排出大小顺序（$R_1 < R_2 < R_3$），作为风险决策的依据。

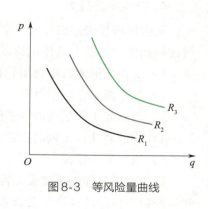

图 8-3　等风险量曲线

三、风险损失的衡量

风险损失的衡量就是定量确定风险损失值的大小。建设工程风险损失包括以下几个方面：

1. 投资风险损失

投资风险损失直接用货币形式来表现，即价格、汇率和利率变化或资金使用安排不当等风险事件所引起的实际投资超出计划投资的数额。

2. 进度风险损失

它通常是由于进度的拖延而产生的风险损失，虽然表现形式上属于时间范畴，但损失的实质是经济损失。具体由以下几个部分内容组成：

1）货币的时间价值。进度风险的发生可能会对现金流动造成影响，在利率的作用下，引起经济损失。

2）为赶上计划进度所需的额外费用。其包括加班的人工费、机械使用费、管理费、夜间施工照明费等一切因赶进度所发生的非计划费用。

3）延期投入使用的收入损失。这种损失不仅是延期期间的收入损失，还可能由于产品投入市场过迟而失去商机，从而显著降低市场份额的损失，因而这方面的损失有时是相当大的。

3. 质量风险损失

质量风险导致的损失包括事故引起的直接经济损失，以及修复和补救等措施发生的费用以及第三者责任损失等，可分为以下几个方面：

1）建筑物、构筑物或其他结构倒塌所造成的直接经济损失。

2）复位纠偏、加固补强等补救措施和返工的费用。

3）造成的工期延误的损失。
4）永久性缺陷对于建设工程使用造成的损失。
5）第三者责任的损失。

4. 安全风险损失

安全风险损失是由于安全事故所造成的人身财产损失、工程停工等遭受的损失，还可能包括法律责任。具体包括以下几个部分：

1）受伤人员的医疗费用和补偿费用。
2）财产损失，包括材料、设备等财产的损毁或被盗。
3）因引起工期延误而带来的损失。
4）为恢复建设工程的正常实施所发生的费用。
5）第三者责任损失。

第三者责任损失是建设工程在实施期间，因意外事故可能导致的第三者的人身伤亡和财产损失所做的经济赔偿及必须承担的法律责任。

由以上四个方面的风险损失可知，投资增加或减少可以用货币来衡量；进度的快慢属于时间范畴，同时也会导致经济损失；而质量和安全事故既会产生经济影响，又可能导致工期延长和第三者责任，使风险更加复杂。因此，不论是投资风险损失，还是进度风险损失、质量风险损失，或者是安全风险损失，最终都可以归结为经济损失。除了第三者要负法律责任外，其他都是以经济赔偿的形式来实现的。

四、风险概率的衡量

衡量建设工程风险概率通常有两种方法：一种是主要依据主观概率的相对比较法；另一种是接近于客观概率的概率分布法。

1. 相对比较法

相对比较法是由美国的风险管理专家查理德·普罗蒂提出的方法。这种方法是估计各种风险事件发生的概率，将其分为以下四种情况：

1）"几乎为0"：这种风险事件可认为不会发生。
2）"很小的"：这种风险事件虽然有可能发生，但现在没有发生，并且将来发生的可能性也不大。
3）"中等的"：这种风险事件偶尔会发生，并且能预期将来有时会发生。
4）"一定的"：这种风险事件一直在有规律地发生，并且能够预期也是有规律地发生。因此，认为在这种情况下风险事件发生的概率较大。

2. 概率分布法

概率分布法可以较为全面地衡量建设工程风险。因为通过潜在损失的概率分布，有助于确定在一定情况下采用哪种风险对策或采用哪种风险对策组合最佳。

概率分布法的常见形式是建立概率分布表。建立概率分布表时应参考相关的历史资料，依据理论上的概率分布，并借鉴其他的经验对自己的判断进行调整和补充。历史资料可以是外界资料，也可以是本企业历史资料。外界资料主要是保险公司、行业协会、统计部门等的资料。利用这些资料时应注意一点，那就是这些资料通常反映的是平均数字，且综合了众多企业或众多建设工程的损失经历，因而在许多方面不一定与本企业或本建设工程的情况相匹配，使用时必须做客观分析。本企业的历史资料比较有针对性，但应注意资料的数量可能偏少，甚至缺乏连续性，不能满足概率分析的需要。另外，即使本企业历史资料的数量、连续性均满足要求，其反映的也只是本企业的平均水平，在运用时还应当充分考虑资料的背景和拟建建设工程的特点。由此可见，概率分布表中的数字是因工程而异的。

五、风险评价

风险评价是指运用各种风险分析技术，用定量、定性或两者相结合的方式处理不确定的过程，其目的是评价风险的可能影响。

1. 风险分析的主要内容

通常从以下几个方面对风险进行分析：

（1）风险存在和发生的时间分析　它主要是分析各种风险可能在建设工程的哪个阶段发生，具体在哪个环节发生。

（2）风险的影响和损失分析　它主要是分析风险的影响面和造成的损失大小。如通货膨胀引起物价上涨，不仅会影响后期采购的材料、设备的费用支出，可能还会影响工人的工资，最终影响整个工程费用。

（3）风险发生的可能性分析　它是指分析各种风险发生的概率情况。

（4）风险级别分析　建设工程有许多风险，风险管理者不可能对所有风险采取同样的重视程度进行风险控制，这样做既不经济，也不可能办到。因此，在实际中必须对各种风险进行严重性排序，只对其中比较严重的风险实施控制。

（5）风险起因和可控性分析　风险起因分析是为进行风险预测、制定防范对策和进行事故责任分析服务的。而可控性分析主要是对风险影响进行控制的可能性和控制成本的分析。如果是人力无法控制的风险，或控制成本十分巨大的风险，是不能采取控制的手段来进行风险管理的。

2. 风险评价的主要方法

风险评价的方法有很多种，本书只对其中的几种做以简单介绍。

（1）专家打分法　专家打分法是向专家发放风险调查表，由专家根据经验对风险因素的重要性进行评价，并对每个风险因素的等级值进行打分，最终确定风险因素总分的方法。步骤如下：

1）识别出某一特定建设工程项目可能会遇到的所有风险，列出风险调查表。

2）选择专家，利用专家经验，对可能的风险因素的权重（W）进行评价，确定每个风险因素的权重，以表征其对项目风险的影响程度。

3）确定每个风险因素发生的可能性的等级值（C），即可能性很大、比较大、中等、不大、较小五个等级对应的分数为 1.0、0.8、0.6、0.4、0.2。由专家给出各个风险因素的分值。

4）将每项风险因素的权重与等级值相乘，求出该项风险因素的得分，即风险度（WC）。再求出此工程项目风险因素的总分 $\sum WC$，总分越高，则风险越大。表 8-2 是一个风险调查表的简单示例。

表 8-2 风险调查表

可能发生的风险因素	权重 W	风险因素发生的可能性的等级值 C					WC
		很大 1.0	比较大 0.8	中等 0.6	不大 0.4	较小 0.2	
物价上涨	0.25	√					0.25
融资困难	0.10		√				0.08
新技术不成熟	0.15			√			0.09
工期紧迫	0.20		√				0.16
汇率浮动	0.30				√		0.12
总分 $\sum WC$							0.70

利用这种方法可以对建设工程所面临的风险按照总分从大到小进行排序，从而找出风险管理的重点。这种方法适用于决策前期，因为决策前期往往缺乏建设工程的一些具体的数据资料，借助于专家的经验可得出一个大致的判断。

（2）风险量函数法　根据风险量函数，可以在坐标图上画出许多等风险量曲线，如图 8-3 所示。据此，将风险发生概率（p）和潜在损失（q）分别分为 L（小）、M（中）、H（大）三个区间，从而将等风险量图分为 LL、ML、HL、MM、HM、LM、LH、MH、HH 九个区域。在这九个区域中，有些区域的风险量是大致相等的，例如，如图 8-4 所示，可以将风险量的大小分为五个等级：

1）VL（很小）——发生概率和潜在损失均为小（LL）。

2）L（小）——发生概率为中，但潜在损失为小（ML）；或发生概率为小，但潜在损失为中（LM）。

3）M（中等）——发生概率和潜在损失为中（MM）；或发生概率为大，但潜在损失为小（HL）；或发生概率为小，但潜在损失为大（LH）。

4）H（大）——发生概率为中，但潜在损失为大（MH）；或发生概率为大，但潜在损失为中（HM）。

5）VH（很大）——发生概率和潜在损失均为大（HH）。

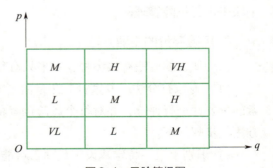

图 8-4　风险等级图

第四节 建设工程风险对策

风险对策也称为风险防范手段或风险管理技术。建设工程风险管理、风险处理的对策可以划分为两大类：一类是风险控制的对策；另一类是风险的财务对策。风险对策具体可分为风险回避、风险损失控制、风险自留和风险转移四种。

一、风险回避

风险回避是指以一定的方式中断风险源，使其不发生或不再发生或不再发展，从而避免可能产生的潜在损失。风险回避的途径有两种：一种是拒绝承担风险，如了解到某种新设备性能不够稳定，则决定不购置此种设备；另一种是放弃以前所承担的风险，如发现市场环境的变化，使得正在建设的某个项目建成后将面临没有市场前景的风险，则决定中止项目以避免后续的风险。

建设工程风险对策

风险回避虽然是一种风险防范措施，但它是一种消极的防范手段。因为风险是广泛存在的，要想完全回避也是不可能的。而且很多风险属于投机风险，如果采用风险回避的对策，在避免损失的同时，也失去了获利的机会。因此，在采取这种对策时，必须对这种对策的消极性有一个清醒的认识。同时，还应当注意到，当回避一种风险的同时，可能会产生另一种新的风险。例如：在施工招标时，某施工单位害怕工程报价报低了会亏损，于是决定回避这种风险，采用高价投标的策略。但是采用高价投标策略的同时，又会面临中不了标的风险。此外，在许多情况下，风险回避是不可能或不实际的。因为，工程建设过程中会面临许多风险，无论是建设单位还是承包商，或者是监理企业，都必须承担某些风险，因此，除了风险回避之外，各方还需要适当运用其他的风险对策。

二、风险损失控制

风险损失控制是指在风险损失不可避免地要发生的情况下，通过各种措施以遏制损失继续扩大或限制其扩展的范围。损失控制是一种积极主动的风险处理对策，实现的途径有两种，即预防损失和减少损失。预防损失措施的主要作用是降低或消除损失发生的概率，而减少损失措施的作用在于降低损失的严重性或遏制损失的进一步发展，使损失最小化。

1. 制定损失控制措施的依据和代价

在采用损失控制的对策时，应当注意两个方面的问题。一方面是必须以定量风险评价的结果作为依据，因为只有这样才能确保损失控制措施具有针对性，才能衡量取得的效果。另一方面是一定要考虑损失控制措施的代价。因为实施损失预防和减少的措施本身是要花费时间和成本的，如果代价高于风险发生的损失，就不应当采取损失控制的措施。因此，在选择控制措施时应当进行多方案的技术经济分析和比较，尽可能选择代价小且效果好的损失控制措施。

2. 损失控制计划系统

在采用损失控制的风险处理对策时,所制定的措施应当形成一个周密的损失控制计划系统。在施工阶段,该系统应当由预防计划、灾难计划和应急计划三部分组成。

(1) 预防计划　预防计划是指为预防风险损失的发生而有针对性地制定的各种措施。它包括组织措施、技术措施、合同措施和管理措施。

1) 组织措施是指建立损失控制的责任制度,明确各部门和人员在损失控制方面的职责分工和协调方式,以使各方人员都能为实施预防计划而认真工作和有效配合。同时,建立相应的工作制度和会议制度,可能还包括必要的人员培训等。

2) 技术措施是在建设工程施工过程中常用的预防措施,如在深基础施工时做好切实的深基础支护措施。技术措施通常都要花费时间和成本方面的代价,必须慎重比较后做出选择。

3) 合同措施包括选择合适的合同结构,严密每一条合同条款,且做出特定风险的相应规定,如要求承包商提供履约担保等。

4) 管理措施包括风险分离和风险分散。风险分离是指将各风险单位间隔开,以避免发生连锁反应或互相牵连。这种处理方式可以将风险局限在一定范围内,从而达到减少损失的目的。例如,在进行设备采购时,为尽量减少因汇率波动而导致的汇率风险,在若干个不同的国家采购设备,就属于风险分离的措施。风险分散是指通过增加风险单位以减轻总体风险压力,达到共同分摊集体风险的目的。如施工承包时,对于规模大、施工复杂的项目,采取联合承包的方式就是一种分散承包风险的方式。

(2) 灾难计划　灾难计划是指预先制定的一组应对各种严重的、恶性的紧急事件发生时,现场人员应当采取的工作程序和具体措施。有了灾难计划,现场人员在紧急事件发生后,就有了明确的行动指南,不至于惊慌失措,也不需要临时讨论研究应对措施,也就可以及时、妥善地进行事故处理,减少人员伤亡以及财产损失。

灾难计划是针对严重风险事件制订的,其内容主要有以下几个方面:

1) 安全撤离现场人员方案。

2) 援救及处理伤亡人员。

3) 控制事故的进一步发展,最大限度地减少资产损失和环境损害。

4) 保证受影响区域的安全,尽快恢复正常。

灾难计划通常是在严重风险事件发生时或即将发生时付诸实施。

(3) 应急计划　应急计划是指在风险损失基本确定后的处理计划。其目的是要使因严重风险事件而中断的工程实施过程尽快全面恢复,并减少进一步的损失,将事故的影响降低到最小。

应急计划中不仅要制定所要采取的措施,而且还要规定不同工作部门的工作职责。其内容一般应包括:

1) 调整整个建设工程的进度计划,并要求各承包商相应调整各自的进度计划。

2）调整材料、设备的采购计划，并及时与供应商联系，必要时应签订补充协议。

3）准备保险索赔依据，确定保险索赔额，起草保险索赔报告。

4）全面审查可使用资金的情况，必要时需调整筹资计划等。

三种损失控制计划之间的关系如图8-5所示。

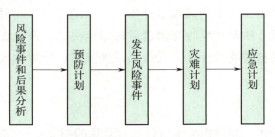

图8-5 三种损失控制计划之间的关系

三、风险自留

工程项目风险自留是指由项目主体自行承担风险后果的一种风险应对策略。这种策略意味着工程项目主体不改变项目计划去应对某一风险，或项目主体不能找到其他适当的风险应对策略，而采取的一种应对风险的方式。这种对策有时是无意识的，有时是有计划的风险处理对策，它是整个建设工程风险对策计划的一个组成部分。这种情况下，风险承担人通常做好了处理风险的准备。

1. 风险自留的种类

（1）非计划性风险自留　由于风险管理人员没有意识到建设工程某些风险的存在，或者不曾有意识地采取有效措施，以致风险发生后只好自己承担。这样的风险自留是非计划性和被动的。导致非计划性风险自留的主要原因有：缺乏风险意识、风险识别失误、风险评价失误、风险决策失误或是风险决策实施延误等。事实上，对于大型、复杂的建设工程来说，风险管理人员几乎不可能识别出所有的工程风险，因此，非计划性风险自留有时是无可厚非的，因而也是一种适用的风险处理策略。但是，风险管理人员应当尽量减少风险识别和风险评价的失误，要及时做出风险对策的决策，并及时实施决策，从而避免被迫承担重大和较大的工程风险。总之，虽然非计划性风险自留不可能不用，但应尽量少用。

（2）计划性风险自留　计划性风险自留是主动的、有意识的、有计划的选择，是风险管理人员在经过正确的风险识别和风险评价后做出的风险对策的决策，是整个建设工程风险对策计划的一个组成部分。计划性风险自留至少应当符合以下条件之一：

1）自留风险损失费用低于保险公司所收取的保险费用。

2）企业的期望损失低于保险人的估计。

3）企业的最大潜在损失或期望损失较小。

4）短期内企业有承受最大潜在损失或期望损失的经济能力。

5）投资机会很好。

6）内部服务或非保险人服务优良。

7）损失可以准确地预测。

计划性风险自留的计划性主要体现在风险自留水平和损失支付方式两方面。风险自留水平是指选择哪些风险事件作为风险自留的对象，这可以从风险量数值大小的角度进行考虑，一般选择风险量比较小的风险事件作为自留的对象，同时还应当考虑费用、期望损失、机会成本、服务质量和税收等因素后再做出决定。损失支付方式是指在风险事件发生后，对所造成的损失通过什么方式或渠道来支付。计划性风险自留通常应预先制订损失支付计划。

2. 损失支付方式

计划性风险自留应预先制订损失支付计划，常见的损失支付方式有以下几种：

1）设立风险准备金。风险准备金是从财务角度为风险做准备，在计划保险合同中另外增加一笔费用，专门用于自留风险的损失支付。

2）建立非基金储备。这种方式是指设立一定数量的备用金，但其用途不是专门用于支付自留风险损失的，而是将其他原因引起的额外费用也包括在内。

3）从现金净收入中支出。这种方式是指在财务上并不对自留风险做任何别的安排，在损失发生后从现金净收入中支出，或将损失费用记入当期成本。因此，此种方式是非计划性风险自留进行损失支付的方式。

四、风险转移

根据风险管理的基本理论，建设工程风险应当由各有关方分担，而风险分担的原则就是：任何一种风险都应由最适宜承担该风险或最有能力进行损失控制的一方承担。因此，风险转移成为建设工程风险管理中非常重要的并得到广泛应用的一项对策。其转移的方法有两种：保险转移和非保险转移。

1. 保险转移

保险转移是指建设工程建设单位、承包商或监理企业通过购买保险，将本应由自己承担的工程风险转移给保险公司，从而使自己免受风险损失。保险转移这种风险转移方式之所以得到越来越广泛的运用，原因在于保险人较投保人更适宜承担有关的风险。对于投保人来说，某些风险的不确定性很大，风险也很大，但对于保险人来说，这种风险的发生则趋近于客观概率，不确定性显著降低，因此，风险是降低的。

当然，保险转移这种方式受到保险险种的限制。如果保险公司没有此保险业务，则无法采用保险转移的方式。在工程建设方面，目前我国已实行人身保险中的意外伤害保险、财产保险中的建筑工程一切险和安装工程一切险。此外，职业责任保险对于监理工程师自身的风险管理来说，也是非常重要的。

保险转移这种方式虽然有很多优点，但是缺点也是存在的。其中之一是机会成本增加，而且工程保险合同的内容较复杂，保险费没有统一固定的费率，需要根据特定建设工程的类型、建设地点的自然条件、保险范围、免赔额等加以综合考虑，因而保险谈判常耗费较多的时间和精力。此外，在进行工程投保以后，投保人可能麻痹大意而疏于执行损失控制计划，以致增加实际损失和未投保损失。

2. 非保险转移

非保险转移通常也称为合同转移。一般通过签订合同的方式将工程风险转移给非保险人的对方当事人。常见的非保险转移有以下三种：

（1）在承（发）包合同中将合同责任和风险转移给对方当事人　这种情况下，一般是建设单位将风险转移给承包商。如签订固定总价合同，将涨价风险转移给承包商。不过，采用这种转移方式时，建设单位应当慎重对待，建设单位不想承担任何风险的结果将会造成合同价格的增高或工程不能按期完成，从而给建设单位带来更大的风险。由于建设单位在选择合同形式和合同条款时占有绝对的主导地位，更应当全面考虑风险的合理分配，绝不能滥用此种非保险转移的方式。

（2）工程分包　工程分包是承包商转移风险的重要方式。但采用此方式时，承包商应当考虑将工程中专业技术要求高而自己缺乏相应技术的工程内容分包给专业分包商，从而以更低的成本、更好的质量完成工程，此时，分包商的选择成为一个至关重要的工作。

（3）工程担保　它是指合同当事人的一方要求另一方为其履约行为提供第三方担保。担保方所承担的风险仅限于合同责任，即由于委托方不履行或不适当履行合同以及违约所产生的责任。目前，工程担保主要有投标保证担保、履约担保和预付款担保三种。

1）投标保证担保，又称为投标保证金。它是指投标人向招标人出具的，以一定金额表示的投标责任担保。常见的形式有银行保函和投标保证书两种。

2）履约担保是指招标人在招标文件中规定的要求中标人提交的保证履行合同义务的担保。常见的形式有银行保函、履约保证书和保留金三种。

3）预付款担保是指在合同签订以后，建设单位给承包人一定比例的预付款，但需由承包商的开户银行向建设单位出具的预付款进行担保。其目的是保证承包商能按合同规定施工，偿还建设单位已支付的全部预付款。

非保险转移的优点主要体现在可以转移某些不可进行保险操作的潜在损失，如物价上涨的风险；其次体现在被转移者往往能更好地进行损失控制，如承包商能较建设单位更好地把握施工技术风险。

五、风险对策的决策过程

风险管理人员在选择风险对策时，要根据建设工程的自身特点，从系统的观点出发，从整体上考虑风险管理的思路和步骤，从而制定一个与建设工程总体目标相一致的风险管理原则。这种原则需要指出风险管理各基本对策之间的联系，为风险管理人员进行风险对策的决策提供参考。

图8-6描述了风险对策的决策过程以及这些风险对策之间的选择关系。

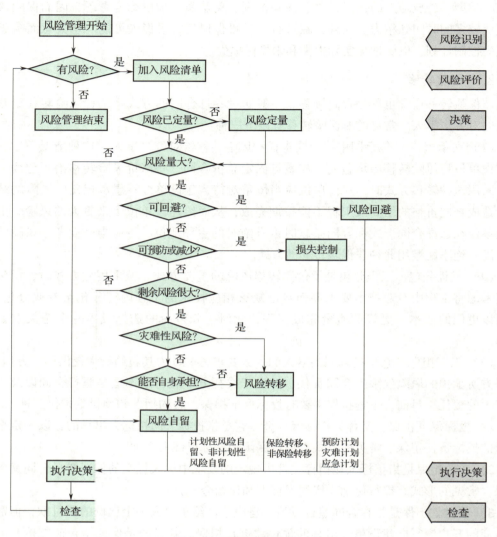

图 8-6　风险对策的决策过程

本章小结

建设工程风险是指人们在建设活动中可能会遇到的意外损失。根据风险所造成的后果不同,风险分为纯风险和投机风险两种。风险管理者要具有识别不同类别风险的能力,识别的方法主要有专家调查法、财务报表法、流程图法、初始风险清单法、经验数据法和风险调查法等。对识别后的风险进行定性、定量地分析,评价风险可能造成的后果和影响;再根据风险的类别不同,采取风险回避、风险损失控制、风险自留或风险转移等对策,从而避免许多不必要的损失,降低成本,增加企业利润。

综合实训

第八章综合实训

素养小提升

我国某工程公司在承建非洲某公路项目时,由于风险管理不到位,造成工程严重拖期、亏损严重。在项目实施的 4 年多时间里,该公司遇到了极大的困难,尽管投入了大量的人力、物力,但由于种种原因,合同到期时实物工程量只完成了 35%。项目业主和监理工程师单方面启动了延期罚款,每天的罚款金额高达 5000 美元。而我国另一个公司在承包非洲另一个工程项目时,风险管理比较到位,分别从合同管理、融资方案、工程保险、进度管理、设备投入、成本管理、质量管理、沟通管理、人员管理等多方面进行了风险分析和风险控制,成功地完成了项目,并取得了较好的经济效益和社会效益,树立了良好的形象,展现了雄厚的实力,代表了我国承包商的先进水平,进一步开拓了海外建筑市场。

  由此可见风险管理的重要性,我们一定要树立风险防范意识,培养风险识别和风险分析的能力,不断积累避险经验,提高风险管理的能力,牢记"防患于未然"更胜于"亡羊补牢"。

第九章 建设工程安全生产管理

> **学习目标**
>
> 了解建设工程安全生产相关法律法规；熟悉建设工程安全生产指导方针及原则；掌握监理企业自身的安全管控、监理企业在安全生产管理中的主要工作。

第一节 概　述

安全生产是指在生产过程中保障人身安全和设备安全。它有两方面的含义：一是在生产过程中保护职工的安全和健康，防止工伤事故和职业病危害；二是在生产过程中防止其他各类事故的发生，确保生产设备连续、稳定、安全地运转，保护国家财产不受损失。

一、建设工程安全生产的指导方针

《中华人民共和国安全生产法》第三条明确提出"安全第一、预防为主、综合治理"的安全生产工作方针。"安全第一"是建设工程生产的基本原则和根本目标，明确了生产安全在工程建设活动中的重要性，要求从事工程建设活动的所有人员必须树立安全观念，不能为经济利益或工程进度牺牲安全；"预防为主"是安全生产的主要手段和途径，是指在工程建设中应根据工程特点对不同生产要素采取事前控制措施，有效防止不安全因素的发展和扩大，把可能发生的事故消灭在萌芽状态，以确保生产安全；"综合治理"体现了事先策划制定预案进行防范，事中对过程进行控制，事后采取措施进行补救，通过对事故进行信息收集、归类分析、总结，进行全面的防范处理。

二、建设工程安全生产的原则

1. 以人为本、关爱生命，维护作业人员合法权益的原则

安全生产管理应遵循维护作业人员的合法权益的原则，应改善施工作业人员的工作与生活条件，施工承包单位必须为作业人员提供安全防护设施，对其进行安全教育培训，为施工人员办理意外伤害保险，作业与生活环境应达到国家规定的安全生产、生活环境标准，真正体现政府对建设工程安全生产过程中"以人为本"以及"关爱生命""关注安全"的宗旨。

2. 管生产必须管安全的原则

一切从事生产、经营活动的单位和管理部门都必须管安全，必须依照国务院"安全生产是一切经济部门和生产企业的头等大事"的指示精神，全面开展安全生产工作，落实"管生产必须管安全"的原则，认真贯彻国家安全生产相关法规、政策、标准，制定企业安全生产规章制度，明确安全生产责任，建立健全安全生产组织管理机构，进行安全生产培训。

3. 安全具有否决权的原则

"安全具有否决权"是建设工程安全生产实施的基本准则，安全生产工作是衡量企业生产经营管理工作情况的重要内容。该原则要求，在对企业进行各项指标考核、评选先进时，必须首先考虑安全指标的完成情况，安全生产指标具有一票否决的作用。

4. "三同时、四不放过"原则

"三同时"是指在我国境内新建、扩建、改建的建设项目的劳动安全卫生设施必须与工程同时设计、同时施工、同时投产使用，并符合国家标准。"四不放过"是指建设工程安全事故处理必须坚持事故原因分析不清不放过、事故责任者和群众没受到教育不放过、没有采取切实可行的整改预防措施不放过、事故责任者和责任领导不处理不放过。

三、安全生产的相关法律法规

安全生产相关法律法规有：《中华人民共和国安全生产法》、《中华人民共和国消防法》、《建筑施工安全检查标准》（JGJ 59—2011）、《施工企业安全生产评价标准》（JGJ/T 77—2010）等。

第二节 监理企业自身的安全管控

一、编制安全监理文件

安全监理文件是开展安全监理工作的纲领。监理企业在接到某项目的监理任务时，要做好该项目的安全生产管理，首先要做好的工作应该是在项目施工开始前，项目监理机构组织有关监理人员分析本工程的特点，根据该项目的安全特点，有针对性地编制安全监理文件。安全监理文件包含安全监理规划，以及涉及桩基础、深基坑、塔式起重机（群塔）、临时用电、钢结构安装、高处作业、受限空间、电动吊篮、龙门架、脚手架、高架重荷模板、小型施工机具、文明施工、环境保护等项目的专项安全监理实施细则。安全监理文件随工程开展逐步完成、完善，应具有很强的操作性，明确安全监理工作要点，达到指导安全监理工作的深度和水平。在安全监理文件中应根据项目安全特点进行工程危险源分析，按工程施工阶段列出危险源清单。危险源清单随工程开展应阶段性更新，安全监理工程师根据危险源清单对施工现场进行有针对性、有侧重点的检查与督促。

二、明确项目安全管理组织机构和安全监理工作程序

项目安全管理组织机构和安全监理工作程序是建设工程安全监理工作的基础和保证。监理工程师在开工伊始即应明确项目安全管理组织机构的形式构成及人员构成，明确安全监理工作程序，建立安全生产的控制体系，督促各参建单位建立并完善各项安全规章制度，建立健全安全生产责任制及安全管理网络。

三、建立安全监理工作制度，严格按工作制度开展安全监理工作

1）每日例行巡查制度。安全监理工程师组织建设单位、总包单位、分包单位安全人员每日例行巡查工地。

2）定期安全检查与不定期专项检查相结合的制度。监理工程师应将定期安全检查与不定期专项检查结合起来开展安全监理工作。

3）节前、节后安全检查制度。重大节日前夕，监理工程师组织参建各方进行综合安全检查，确保节假日期间安全施工。节后同样组织安全检查，查找节日期间产生的安全问题，以利于整改。通过节前、节后安全检查制度保证施工现场平稳过渡，确保安全工作。

4）每日安全监理巡查记录制度。安全监理工程师将每日巡查发现的问题进行梳理，采用文字与相片结合的方式形成每日安全监理巡查记录，安全监理巡查记录应于次日早上8点前发总包项目经理部，则总包项目经理部在其早会期间可通报现场存在的安全问题，有利于落实。

5）安全周报、安全月报、专题安全形势分析报告制度。分别以每周、每月为单元进行安全监理工作总结，形成安全周报、安全月报，此两份报告应包括对下周（月）安全监理工作筹划的内容。专题安全形势分析报告不定期编写，主要针对工程开展中碰到的较集中的安全问题进行专题分析，探讨对策，同时厘清安全监理工作思路。

6）安全信函、安全监理工程师通知单制度。对于一般的安全问题，采用安全信函的方式向施工单位发出，安全信函每日发出，会对施工单位的安全管理组织机构及人员形成强大的压力，安全信函的落实率达到70%~80%便能取得很好的安全监理工作成果。对于关键的问题以安全监理工程师通知单的方式发出时，对此应非常慎重，确保落实率达到100%。安全信函、安全监理工程师通知单采用文字加相片的方式效果会较好。

7）安全监理培训制度。对某一时段集中出现的安全问题，有针对性地开展安全监理培训工作，对提高安全监理工作的效果有很大的好处。培训时应紧盯现场问题，只讲问题点及解决方案，不讲理论，培训对象就是现场一线操作人员。

8）其他相关制度。应针对具体项目的特点建立必要的相关安全监理制度。

四、严格执行奖罚制度,利用奖罚手段提高安全管理工作效果

奖罚制度对提高安全管理工作的效果行之有效。奖罚一定要有标准,并在开工前制定。奖罚一定要具体到个人,对工人和安全管理人员一视同仁。在项目经理部,监理工程师会同总包单位在每周一上午举行一次奖励先进安全个人的活动,发放一些日常用品,对形成安全氛围作用很大。

五、重视重大危险源管理,以危险源管理促进项目整体安全管理水平的提高

1) 针对项目特点,进行危险源分析、辨识。
2) 列出危险源清单,建立危险源管理台账,周期性排查,形成记录,查找问题。
3) 对查找出的重大危险源管理中的问题必须限期整改,没有回旋的余地,这会对施工单位形成强大的压力。
4) 危险源台账应随工程开展而更新。

第三节 监理企业在安全生产管理中的主要工作

《建设工程安全生产管理条例》第十四条规定:"工程监理单位应当审查施工组织设计中的安全技术措施或者专项施工方案是否符合工程建设强制性标准。工程监理单位在实施监理过程中,发现存在安全事故隐患的,应当要求施工单位整改;情况严重的,应当要求施工单位暂时停止施工,并及时报告建设单位。施工单位拒不整改或者不停止施工的,工程监理单位应当及时向有关主管部门报告。工程监理单位和监理工程师应当按照法律法规和工程建设强制性标准实施监理,并对建设工程安全生产承担监理责任。"

各级建设主管部门据此颁布了一系列文件规定,以明确监理单位安全监理的工作职责和工作范围。这些规定明确了工程监理的安全生产责任,由此可见安全监理责任重大。作为参与工程建设的独立一方,监理工程师应在其自身安全生产管理体系的建设、施工单位安全方案审核、现场安全生产管理等方面开展安全监理工作,对施工单位的安全投入、安全行为进行制约,防止建设工程安全事故的发生。

一、施工准备阶段的安全生产管理

1. 施工承包单位安全生产管理体系的检查

项目监理机构应对施工承包单位的安全生产管理体系进行检查,主要包括以下几个方面:

1) 施工承包单位应具备国家规定的安全生产资质证书,并在其等级许可范围内承揽工程。
2) 施工承包单位应成立以企业法人代表为首的安全生产管理机构,依法对本单位的

监理企业在安全生产管理中的主要作用

安全生产工作全面负责。

3）施工承包单位的项目负责人应当由取得安全生产相应资质的人担任，在施工现场应建立以项目经理为首的安全生产管理体系，对项目的安全施工负责。

4）施工承包单位应当在施工现场配备专职安全生产管理人员，负责对施工现场的安全施工进行监督检查。

5）工程实行总承包的，应由总包单位对施工现场的安全生产负总责，总包单位和分包单位应对分包工程的施工安全承担连带责任，分包单位应当服从总包单位的安全生产管理。

2. 施工承包单位安全生产管理制度的检查

项目监理机构应对施工承包单位的安全生产管理制度进行检查，主要包括以下几个方面：

1）安全生产责任制。这是企业安全生产管理制度中的核心，是上至总经理下至每个生产人员对安全生产所应负的职责。

2）安全技术交底制度。施工前由施工技术人员将有关安全施工的技术要求向施工作业班组、作业人员做出详细说明，并由双方签字落实。

3）安全生产教育培训制度。施工承包单位应当对管理人员、作业人员每年至少进行一次安全教育培训，并把教育培训情况记入个人工作档案。

4）施工现场文明管理制度。

5）施工现场安全防火、防爆制度。

6）施工现场机械设备安全管理制度。

7）施工现场安全用电管理制度。

8）班组安全生产管理制度。

9）特种作业人员安全管理制度。

10）施工现场门卫管理制度。

3. 工程项目施工安全监督机制的检查

项目监理机构应对施工承包单位制定的工程项目施工安全监督机制进行检查，主要包括以下几个方面：

1）施工承包单位应当制定切实可行的安全生产规章制度和安全生产操作规程。

2）施工承包单位的项目负责人应当落实安全生产的责任制和有关安全生产的规章制度和操作规程。

3）施工承包单位的项目负责人应根据工程特点，组织制定安全施工措施，消除安全隐患，及时、如实报告施工安全事故。

4）施工承包单位应对工程项目进行定期与不定期的安全检查，并做好安全检查记录。

5）在施工现场应采用专检和自检相结合的安全检查方法、班组间相互安全监督检查的方法。

6）施工现场的专职安全生产管理人员在施工现场发现安全事故隐患时，应当及时向项目负责人和安全生产管理机构报告，对违章指挥、违章操作的应当立即制止。

4. 施工承包单位安全教育培训制度落实情况的检查

项目监理机构应对施工承包单位的安全教育培训制度落实情况进行检查，主要包括以下几个方面：

1）施工承包单位主要负责人、项目负责人、专职安全管理人员应当由建设主管部门进行安全教育培训，并经考核合格后方可上岗。

2）作业人员进入新的岗位或新的施工现场前应当接受安全生产教育培训，未经培训或培训考核不合格的不得上岗。

3）施工承包单位在采用新技术、新工艺、新设备、新材料时，应当对作业人员进行相应的安全生产教育培训。

4）施工承包单位应当向作业人员以书面形式告之危险岗位的操作规程和违章操作的危害，制定保障施工作业人员安全和预防安全事故的措施。

5）垂直运输机械作业人员、安装拆卸工、爆破作业人员、起重信号工、登高架设作业人员等特种作业人员，必须按照国家有关规定，经过专门的安全作业培训，并取得特种作业操作资格证书，方可上岗作业。

5. 施工承包单位安全生产技术措施的审查

项目监理机构应审查施工单位报审的以下危险性较大的专项施工方案，符合要求的，应由总监理工程师签认后报建设单位。超过一定规模的危险性较大的分部分项工程的专项施工方案，应检查施工单位组织专家论证、审查的情况，以及是否附具有安全验算结果。

1）基坑支护与降水工程专项措施。
2）土方开挖工程专项措施。
3）模板工程专项措施。
4）起重吊装工程专项措施。
5）脚手架工程专项措施。
6）拆除、爆破工程专项措施。
7）高处作业专项措施。
8）施工现场临时用电安全专项措施。
9）施工现场的防火、防爆安全专项措施。
10）国务院建设主管部门或者其他有关部门规定的其他危险性较大的工程。

6. 文明施工措施的检查

项目监理机构应对施工承包单位的文明施工措施情况进行检查，主要包括以下几个方面：

1）施工承包单位应当在施工现场入口处、起重机械、临时用电设施、脚手架、出入通道口、电梯井口、楼梯口、孔洞口、基坑边沿、爆破物及有害气体和液体存放处等危险部位设置明显的安全警示标志。在市区内施工，应当对施工现场实行封闭围挡。

2）施工承包单位应当在施工现场建立消防安全责任制度，确定消防安全责任人，制定用火、用电，以及使用易燃、易爆材料等各项消防安全管理制度和操作规程，设置消防通道、消防水源，配备消防设施和灭火器材，并在施工现场入口处设置明显的防火标志。

3）施工承包单位应当根据不同施工阶段和周围环境及季节气候的变化，在施工现场采取相应的安全施工措施。

4）施工承包单位对施工可能造成损害的毗邻建筑物、构筑物和地下管线，应当采取专项防护措施。

5）施工承包单位应当遵守环保法律法规，在施工现场采取措施，防止或减少粉尘、废水、废气、固体废物、噪声、振动和施工照明对人和环境的危害和污染。

6）施工承包单位应当将施工现场的办公区、生活区和作业区分开设置，并保持安全距离。办公区、生活区的选址应当符合安全性要求。职工膳食、饮水应当符合卫生标准，不得在尚未完工的建筑物内设员工集体宿舍。临时性建筑必须在建筑物 20m 以外，不得建在煤气管道和高玉架空线路下方。

7. 其他方面安全隐患的检查

项目监理机构应对施工承包单位其他方面的安全隐患进行检查，主要包括以下几个方面：

1）施工现场的安全防护用具、机械设备、施工机具及配件必须有专人保管，定期进行检查、维护和保养，建立相应的资料档案，并按国家有关规定及时报废。

2）施工承包单位应当向作业人员提供安全防护用具和安全防护服装。

3）作业人员有权对施工现场的作业条件、作业程序和作业方式中存在的安全问题提出批评、检举和控告，有权拒绝违章指挥和强令冒险作业。

4）施工中发生危及人身安全的紧急情况时，作业人员有权立即停止作业或者采取必要的紧急措施后撤离危险区域。

5）作业人员应当遵守安全施工的强制性标准、规章制度和操作规程，正确使用安全防护用具、机械设备。

6）施工现场临时搭建的建筑物应当符合安全使用要求，施工现场使用的装配式活动房应有产品合格证。

二、施工过程的安全生产管理

1. 安全生产的巡视检查

巡视检查是监理工程师在施工过程中进行安全与质量控制的重要手段。在巡视检查中应该加强对施工安全的检查，防止安全事故的发生。项目监理机构应巡视检查危险性较大的分部分项施工方案的实施情况。发现未按专项施工方案实施时，应签发监理通知单,要求施工单位按专项施工方案实施。项目监理机构在实施监理过程中,发现工程存在安全事故隐患时,应签发监理通知单,要求施工单位整改;情况严重时,应签发工程暂停令,并应及时报告建设单位。施工单位拒不整改或不停止施工时,项目监理机构应及时向有关主管部门报送监理报告。

(1) 高处作业情况　为防止高处坠落事故的发生,监理工程师应重点巡视现场,检查施工组织设计中的安全措施是否落实。监理工程师应重点检查以下内容:

1) 架设是否牢固。
2) 高处作业人员是否系有保险带。
3) 是否采用防滑、防冻、防寒、防雷等措施,遇到恶劣天气不得高处作业。
4) 有无尚未安装栏杆的平台、雨篷、挑檐。
5) 孔、洞、口、沟、坎、井等部位是否设置防护栏杆,洞口下是否设置防护网。
6) 作业人员从安全通道上下楼,不得从架子攀登,不得随提升机、货运机上下。
7) 梯子底部应坚实可靠,不得垫高使用,梯子上端应固定。

(2) 安全用电情况　为防止触电事故的发生,监理工程师应重点检查以下内容:

1) 开关箱是否设置漏电保护。
2) 每台设备是否一机一闸。
3) 闸箱三相五线制连接是否正确。
4) 室内外电线、电缆架设高度是否满足规范要求。
5) 电缆埋地是否合格。
6) 检查、维修是否带电作业,是否挂标志牌。
7) 相关环境下的用电电压是否合格。
8) 配电箱、电气设备之间的距离是否符合规范要求。

(3) 脚手架情况　为防止脚手架坍塌事故的发生,监理工程师对脚手架的安全应该引起足够重视,对脚手架的施工工序应该进行验收。监理工程师应重点检查以下内容:

1) 脚手架用材料(钢管、卡子)质量是否符合规范要求。
2) 节点连接是否满足规范要求。
3) 脚手架与建筑物连接是否牢固、可靠。
4) 剪刀撑设置是否合理。
5) 扫地杆安装是否正确。
6) 同一脚手架使用的钢管直径是否一致。
7) 脚手架安装、拆除的队伍是否具有相关资质。
8) 脚手架底部基础是否符合规范要求。

(4) 机械使用情况　操作人员在使用机械过程中如违规操作或发生机械故障等,很可能会造成人员的伤亡,因此对于机械安全使用情况,监理工程师应该进行验收,对于不合格的机械设备,应令施工承包单位将其清出施工现场,不得使用;对没有资质的操作人员应停止其操作行为。监理工程师应重点检查以下内容:

1) 具有相关资质的操作人员的身体情况、防护情况是否合格。

2）机械上的各种安全防护装置和警示牌是否齐全。

3）机械用电连接等是否合格。

4）起重机荷载是否满足要求。

5）机械作业现场是否合格。

6）塔式起重机安装、拆卸方案是否编制合理。

7）机械设备与操作人员、非操作人员的距离是否满足要求。

（5）安全防护情况　有了必要的防护措施就可以显著减少安全事故的发生，监理工程师对安全防护情况的检查验收主要有以下几点：

1）防护是否到位，不同的工种应该有不同的防护装置，如安全帽、安全带、安全网、防护罩、绝缘鞋等。

2）自身安全防护是否合格，如头发、衣服、身体状况等。

3）施工现场周围环境的防护措施是否健全，如高压线、地下电缆、运输道路、沟、河、洞等对建设工程的影响，以及对应的防护措施。

4）安全管理费用是否到位，能否保证安全防护的设置需求。

2. 生产安全事故的救援与调查处理

安全事故发生后，应急救援工作至关重要。应急救援工作做得好可以最大限度地减少损失，可以及时挽救事故受伤人员的生命，可以使事故尽快得到妥善的处理与处置。

（1）生产安全事故的应急救援预案

1）县级以上地方人民政府建设主管部门应当根据本级人民政府的要求，制定本行政区域内建设工程特大生产安全事故的应急救援预案。

2）施工承包单位应当制定本单位生产安全事故应急救援预案，建立应急救援组织或者配备应急救援人员，配备必要的应急救援器材、设备，并定期组织演练。施工现场应当根据工程的特点、范围，对施工现场易发生重大事故的部位、环节进行监控，制定施工现场生产安全事故救援预案。实行施工总承包的，由总承包单位统一组织编制建设工程生产安全事故救援预案，工程总承包单位和分包单位按应急救援预案各自建立应急救援组织或者配备应急救援人员，配备应急救援器材、设备，并定期组织演练。

（2）生产安全事故的应急救援　安全事故发生后，监理工程师应积极协助、督促施工承包单位按照应急救援预案进行紧急救助，以最大限度地减少损失，挽救事故受伤人员的生命。

（3）生产安全事故报告制度　监理单位在生产安全事故发生后，应督促施工承包单位及时、如实地向有关部门报告；应下达停工令，并报告建设单位，防止事故的进一步扩大和蔓延。施工承包单位发生安全事故的，应当按照国家有关伤亡事故报告和调查处理的规定，及时、如实地向负责安全生产的监督管理部门、建设主管部门或者其他有关部门报告；特种设备发生事故的，还应当同时向特种设备安全监督管理部门报告。

（4）生产安全事故的调查处理

1）事故的调查。事故的调查，特别是对于重大事故的调查应由事故发生地的市、县级以上建设主管部门或者国务院有关部门组成调查组负责进行，调查组可以聘请有关方面的专家协助进行技术鉴定、事故分析和财产损失的评估工作。调查的主要内容有：与事故有关的工程情况，事故发生的详细情况（如发生的地点、时间、工程部位、性质、现状及发展变化等），事故调查中的有关数据和资料，事故原因分析和判断，事故发生后所采取的临时防护措施，事故处理的建议方案及措施，事故涉及的有关人员及责任情况。

2）事故的处理。首先必须对事故进行调查研究，收集充分的数据资料，广泛听取专家及各方面的意见和建议，经科学论证，决定该事故是否需要做出处理；并坚持实事求是的科学态度，制定安全、可靠、适用且经济的处理方案。

3）事故处理报告应逐级上报。事故处理报告的内容包括：事故的基本情况，事故调查及检查情况，事故原因分析；事故处理依据；安全、质量缺陷处理方案及技术措施；实施质量处理中的有关数据、记录、资料；对处理结果的检查、鉴定和验收；结论及意见。

本章小结

建设单位、勘察单位、设计单位、施工单位、工程监理单位及其他与建设工程安全生产有关的单位，都必须遵守安全生产法律法规的规定，保证建设工程安全生产，依法承担建设工程安全生产责任。《建设工程安全生产管理条例》第十四条规定："工程监理单位和监理工程师应当按照法律法规和工程建设强制性标准实施监理，并对建设工程安全生产承担监理责任。"作为参与工程建设的独立一方，监理工程师应在其自身安全生产管理体系的建设、施工单位安全方案审核、现场安全生产管理等方面开展安全监理工作，对施工单位的安全投入、安全行为进行制约，防止建设工程安全事故的发生。

综合实训

第九章综合实训

素养小提升

2019年5月16日，上海市某工厂厂房发生局部坍塌，造成12人死亡、10人重伤、3人轻伤，直接经济损失约3430万元。2020年3月7日，福建省泉州市某酒店发生坍塌事故，共有71人被困。2020年5月23日，广东省河源市某建筑的模板支撑体系向外倾覆坍塌，造成8人死亡、1人轻伤，直接经济损失1068万元。上述事故主要教训：一是企业安全生产主体责任不落实，对施工项目监管不到位；二是地方属地管理责任落实不到位；三是行业监管部门的监督检查不到位。

由此可见安全生产无小事，容不得半点马虎大意，哪怕只是一个小小的失误，群众的生命财产都会处于危险之中。安全事故一旦发生，往往会造成人员伤亡，付出惨痛的代价，生命只有一次，我们一定要时刻紧绷安全弦，提高安全生产意识，加强监督管理，防患于未然。

第十章

建设工程监理信息与监理文档资料管理

> **学习目标**
>
> 了解监理信息的基本概念、分类、表现形式及作用；熟悉监理信息收集的原则、方法及加工整理；掌握建设工程监理文档资料管理的内容、分类及立卷方法和要求。

第一节 概 述

监理信息是指在建设工程监理过程中发生的、反映建设工程状态和规律的信息。监理信息具有一般信息的特征，同时也有来源广、信息量大、动态性强、形式多样的特点。监理企业和监理工程师必须善于了解信息，掌握信息，管理信息，运用信息。

一、监理信息的分类

不同的监理范畴需要的信息不同，因此将监理信息归类划分，有利于满足不同监理工作的信息需求，使信息管理更加有效。

1. 按照建设监理控制目标划分

1）投资控制信息。它是指与投资控制有关的各种信息，如工程造价、物价指数、工程量计算规则、工程项目投资估算、设计概算、合同价组成、施工阶段的支付账单、工程变更费用、运杂费、违约金、工程索赔费用等。

2）质量控制信息。它是指与质量控制有关的信息，如国家质量标准、质量法规、质量管理体系、工程项目建设标准、工程项目的合同标准、材料设备的合同质量、质量控制的工作措施、工程质量检查、验收记录、材料的质量抽样检查、设备的质量检验等；还有工程参建方的资质及特殊工种人员资质等。

3）进度控制信息。它是指与进度控制有关的信息，如工程项目进度计划、进度控制制度、进度记录、工程款支付情况、环境气候条件、项目参加人员、物资与设备情况等。另外，还有上述信息在加工后产生的信息，如工程实际进度控制的风险分析、进度目标分解信息、实际进度与计划进度对比分析、实际进度与合同进度对比分析、实际进度统计分析、进度变化预测信息等。

4）安全生产控制信息。它是指与安全生产控制有关的信息，如国家法律法规、条例、安全生产管理体系、安全生产保证措施、安全生产检查记录、巡视记录、安全隐患记录等；另外还有文明施工及环境保护有关信息。

5）合同管理信息。它包括国家法律法规；勘察设计合同、工程建设承包合同、分包合同、监理合同、物资供应合同、运输合同等；工程变更、工程索赔、违约事项等。

2. 按照建设工程不同阶段划分

1）项目建设前期的信息。项目建设前期的信息包括可行性研究报告、设计任务书、勘察文件、设计文件、招标投标等方面的信息。

2）工程施工过程中的信息。由于建筑工程具有施工周期长、参建单位多的特点，因此施工过程中的信息量很大。其中有来自于建设单位方面的指示、意见和看法，下达的某些指令；有来自于承包商方面的信息，如向有关方面发出的各种文件，向监理工程师报送的各种文件、报告等；有来自于设计方面的信息，如设计合同、施工图纸、工程变更等；有来自于监理方面的信息，如监理单位发出的各种通知、指令，工程验收信息等。项目监理部内部也会产生许多信息，有直接从施工现场获得的有关投资、质量、进度、安全和合同管理方面的信息，有经过分析整理后对各种问题的处理意见等，还有来自其他部门如建设管理部门、环保部门、交通部门等部门的信息。

3）工程竣工阶段的信息。在工程竣工阶段，需要大量的竣工验收资料，这些信息一部分是在整个施工过程中长期积累形成的；另有一部分是在竣工验收期间，根据积累的资料整理分析而形成的。

3. 其他的一些分类方法

1）按照信息范围的不同，把建设监理信息分为精细的信息和摘要的信息。

2）按照信息时间的不同，把建设监理信息分为历史性信息和预测性信息。

3）按照监理阶段的不同，把建设监理信息分为计划的信息、作业的信息、核算的信息及报告的信息。在监理工作开始时，要有计划的信息；在监理过程中，要有作业的信息和核算的信息；在某一工程项目的监理工作结束时，要有报告的信息。

4）按照对信息的期待性不同，把建设监理信息分为预知信息和突发信息。

5）按照信息的性质不同，把建设监理信息分为生产信息、技术信息、经济信息和资源信息。

6）按照信息的稳定程度不同，把建设监理信息分为固定信息和流动信息等。

二、监理信息的表现形式

监理信息的表现形式多种多样，一般有文字数据，数字数据，报表，图形、图像和声音等。

1. 文字数据

文字数据是监理信息的一种常见形式。文件是最常见的有用信息。监理工作中通常规定以书面形式进行交流，即使是口头指令，也要在一定时间内形成书面文字，这就会形成大量的文件。这些文件包括国家、地区、行业、国际组织颁布的有关建设工程的法律法规文件，如建设主管部门下发的条例、通知和规定，行业主管部门下发的通知和规定等；还包括各种标准、规范，如合同标准文本、设计及施工规范、材料标准、图形符号标准、产品分类及编码标准等。具体到每一个工程项目，还包括合同及招（投）标文件、工程承包（分包）单位的情况资料、会议纪要、监理月报、监理总结、洽商及变更资料、监理通知、隐蔽及验收记录资料等。

2. 数字数据

数字数据也是监理信息常见的一种表现形式，用数据表现的信息常见的有：设备与材料价格、工程量计算规则、价格指数、工期、劳动力、机械台班的施工定额；地区地质数据、项目类型及专业、主材投资的单价指标和材料的配合比数据等。具体到每个工程项目，还包括材料台账、设备台账、材料和设备检验数据、工程进度数据、进度工程量签证及付款签证数据、专业图纸数据、质量评定数据、施工人力和机械数据等。

3. 报表

建设工程各方常用报表这种直观的形式传播信息。承包商需要提供反映建设工程状况的多种报表，这些报表有开工申请单、施工技术方案报审表、进场原材料报验单、进场设备报验单、测量放线报验单、分包申请单、合同外工程单价申报表、计日工单价申报表、合同工程月计量申报表、额外工程月计量申报表、人工与材料价格调整申报表、付款申请表、索赔申请书、索赔损失计算清单、延长工期申报表、复工申请、事故报告单、工程验收申请单、竣工报验单等。监理组织内部常采用规范化的表格来作为有效控制的手段，这类报表有工程开工令、工程清单支付月报表、暂定金额支付月报表、应扣款月报表、工程变更通知、额外增加工程通知单、工程暂停指令、复工指令、现场指令、工程验收证书、工程验收记录、竣工证书等。监理工程师向建设单位反映工程情况也往往用报表形式传递工程信息，这类报表有工程质量月报表、项目月支付总表、工程进度月报表、进度计划与实际完成报表、施工计划与实际完成情况表、监理月报表、工程状况报告表等。

4. 图形、图象和声音

监理信息的形式还有图形、图像和声音等。这些信息包括工程项目立面、平面及功能布置图形，项目位置及项目所在区域环境实际图形或图像等；对每一个项目，还包括隐蔽部位、设备安装部位、预留预埋部位图形，以及管线系统、质量问题和工程进度形象图像；在施工中还有设计变更图等。图形、图像信息还包括工程录像、照片等。这些信息直观、形象地反映了工程情况，特别是能有效反映隐蔽工程的情况。声音信息主要包括会议录音、电话录音以及其他的讲话录音等。

以上只是监理信息的一些常见形式，监理信息往往是这些形式的组合。随着科技的发展，还会出现更多更好的形式。

三、监理信息的作用

1. 监理信息是监理工程师进行目标控制的基础

建设工程监理的主要方法是控制,控制的基础是信息。监理信息贯穿在目标控制的各个环节之中,建设工程监理目标控制系统内部各要素之间、系统和环境之间都靠信息进行联系。在建筑工程的生产过程中,监理工程师要依据所反馈的投资、质量、进度、安全等信息与计划信息进行对比,看是否发生偏离,如发生偏离,应立即采取相应措施予以纠正,再偏离就再纠正,直至达到建设目标。

2. 监理信息是监理工程师进行科学决策的依据

建设工程中有许多问题需要决策,决策的正确与否直接影响着项目建设总目标的实现及监理企业、监理工程师的信誉。做出一项决策需要考虑各种因素,因素之一就是信息,如要做出是否需要进行进度计划调整的决策,就需要收集计划进度信息与工程实际的进度信息。监理工程师在整个工程的监理过程中,都必须充分地收集信息、加工整理信息,才能做出科学的、合理的监理决策。

3. 监理信息是监理工程师进行组织协调的纽带

工程项目的建设是一个复杂和庞大的系统,参建单位多、周期长、影响因素多,需要进行大量的协调工作,监理组织内部也要进行大量的协调工作,这都要依靠大量的信息。

协调一般包括人际关系的协调、组织关系的协调和资源需求关系的协调。人际关系的协调,需要了解协调对象的特点、性格方面的信息,需要了解岗位职责和目标的信息,需要了解其工作成效的信息,通过谈心、谈话等方式进行沟通与协调;组织关系的协调,需要了解组织机构设置、目标职责的信息,需要开工作例会、专题会议来沟通信息,在全面掌握信息的基础上及时消除工作中的矛盾和冲突;资源需求关系的协调,需要掌握人员、材料、设备、能源动力等资源方面的计划情况、储备情况以及现场使用情况等信息,以此来协调建筑工程的生产,保证工程进展顺利。

四、工程监理信息系统

随着工程建设规模不断扩大,工程监理信息量不断增加,依靠传统的数据处理方式已难以适应工程监理需求。与此同时,建筑信息模型(BIM)、大数据、物联网、云计算、移动互联网、人工智能、地理信息系统(GIS)等现代信息技术快速发展,也为工程监理信息化提供了重要的技术支撑。基于互联网和计算机技术建立工程监理信息系统已成为工程监理的基本手段。

1. 工程监理信息系统的主要作用

工程监理信息系统作为处理工程监理信息的人–机系统,其主要作用体现在以下几方面:

1）利用计算机数据存储技术，存储和管理与工程监理有关的信息，并随时进行查询和更新。

2）利用计算机数据处理功能，快速、准确地处理工程监理所需要的信息，如工程质量检测数据分析；工程投资动态比较分析和预测；工程进度计划编制和动态比较分析；施工安全数据分析等。

3）利用计算机分析运算功能，快速提供高质量的决策支持信息和方案比选。

4）利用计算机网络技术，实现工程参建各方、各部门之间的信息共享和协同工作。

5）利用计算机虚拟现实技术，直观展示工程项目的大量数据和信息。

2. 工程监理信息系统的基本功能

工程监理信息系统的目标是实现工程监理信息的系统管理和提供必要的监理决策支持。工程监理信息系统可为工程监理单位及项目监理机构提供标准化、结构化数据；提供预测、决策所需要的信息及分析模型；提供建设工程目标动态控制的分析报告；提供解决建设工程监理问题的多个备选方案。概括而言，工程监理信息系统应具有以下基本功能：

（1）信息管理　能够收集、加工、整理、存储、传递、应用工程监理信息，为工程监理单位及项目监理机构提供基本支撑。

（2）动态控制　针对工程质量、造价、进度三大目标，不仅能辅助编制相关计划，而且能进行动态分析比较和预测，为项目监理机构实施工程质量、造价、进度动态控制提供支持。

（3）决策支持　能够进行工程建设方案及监理方案比选，为项目监理机构科学决策提供支撑。

（4）协同工作　随着互联网技术的快速发展及协同工作理念的逐步形成，由工程监理单位单独应用的信息系统逐步转变为工程参建各方共同应用的信息平台。应用越来越广泛的工程监理信息平台，可以实现工程参建各方的信息共享和协同工作。特别是建筑信息模型技术的应用，为工程监理信息管理提供了可视化手段。

第二节　建设工程监理信息管理

建设工程监理信息管理是指对建设工程监理信息的收集、加工、整理、存储、传递、应用等一系列工作的总称。信息管理是建设工程监理的重要手段之一，及时掌握准确、完整的信息，可以使监理工程师耳聪目明，能更加有效地完成建设工程监理与相关服务工作。

一、监理信息的收集

收集信息是运用信息的前提，是进行信息处理的基础。信息处理是对

建设工程监理信息管理

已经取得的原始信息进行分类、筛选、分析、加工、评定、编码、存储、检索、传递的全过程工作。不经收集就没有进行处理的对象，信息收集工作的好坏直接决定着信息加工处理质量的高低。在一般情况下，如果收集到的信息时效性强、真实度高、价值大、全面系统，再经加工处理后，质量就更高，反之则低。

1. 收集监理信息的基本原则

（1）主动及时　监理是一个动态控制的过程，实时信息量大、时效性强、信息稍纵即逝，建设工程又具有投资大、工期长、项目分散、管理部门多、参与建设的单位多等特点，如果不能及时得到工程中大量发生的、变化极大的数据，不能及时把不同的数据传递给需要相关数据的不同单位、部门，势必影响各部门工作，影响监理工程师做出正确的判断，影响监理工作的质量。监理工程师要取得对工程控制的主动权，就必须积极主动地收集信息，善于及时发现、及时取得、及时加工各类工程信息。

（2）全面系统　监理信息贯穿在工程项目建设的各个阶段及全部过程，各类监理信息和每一条信息，都是监理内容的反映或表现。所以，收集监理信息不能挂一漏万，以点代面，把局部当成整体，或者不考虑事物之间的联系；同时，建设工程不是杂乱无章的，而是有着内在联系的。因此，收集信息不仅要注意全面性，而且还要注意系统性和连续性。全面系统就是要求收集到的信息具有完整性，以防决策失误。

（3）真实可靠　收集信息的目的在于对工程项目进行有效的控制。由于建设工程中人们的经济利益关系，以及建设工程的复杂性，信息在传输过程中会发生失真现象等，难免产生不能真实反映建设工程实际情况的假信息。因此，必须严肃认真地进行收集工作，要将收集到的信息进行严格核实、检测、筛选，去伪存真。

（4）重点选择　重点选择是指根据监理工作的实际需要，根据监理的不同层次、不同部门，以及不同阶段对信息需求的侧重点，从大量的信息中选择使用价值大的主要信息。例如，建设单位委托的施工阶段监理，则以施工阶段为重点进行信息收集。

2. 监理信息收集的基本方法

监理工程师主要通过各种方式的记录来收集监理信息，这些记录统称为监理记录，它是与工程项目建设监理相关的各种记录资料的集合，通常可分为以下几类：

（1）现场记录　现场监理人员必须每天利用特定的表式或以日志的形式记录工地上所发生的事情。所有记录应始终保存在工地办公室内，供监理工程师及其他监理人员查阅。这类记录每月由专业监理工程师整理成书面资料上报监理工程师办公室。监理人员在现场遇到工程施工中不得不采取紧急措施的情况而对承包商发出的书面指令，应尽快通报上一级监理组织，以征得其确认或修改指令。

现场记录通常记录以下内容：

1) 现场监理人员对所监理工程范围内的机械、劳动力的配备和使用情况做详细记录，如承包商现场人员和设备的配备是否同计划所列的一致；工程质量和进度是否因某些职员或某种设备不足而受到影响，受到影响的程度如何；是否缺乏专业施工人员或专业施工设备，承包商有无替代方案；承包商施工机械的完好率和使用率是否令人满意；

2）记录气候及水文情况。如记录每天的最高、最低气温，降雨和降雪量，风力；河流水位；记录有预报的雨、雪、台风及洪水到来之前对永久性或临时性工程所采取的保护措施；记录气候、水文的变化影响施工及造成损失的细节（如停工时间、救灾的措施和财产的损失等）。

3）记录承包商每天的工作范围，完成的工程数量，以及开始和完成工作的时间；记录出现的技术问题，采取了怎样的措施进行处理，效果如何，能否达到技术规范的要求等。

4）对工程施工中每步工序完成后的情况做简单描述，如此工序是否已被认可，对缺陷的补救措施或变更情况等做详细记录。此外，监理人员在现场对隐蔽工程应特别注意记录。

5）记录现场材料供应和储备情况。如每一批材料的到达时间、来源、数量、质量、储存方式和材料的抽样检查情况等。

6）对于一些必须在现场进行的试验，现场监理人员进行记录并分类保存。

（2）会议记录 由监理人员所主持的会议应由专人记录，并且要形成纪要，由与会者签字确认，这些纪要将成为以后解决问题的重要依据。

（3）计量与支付记录 计量与支付记录包括所有的计量及付款资料，应清楚地记录哪些工程进行过计量，哪些工程没有进行计量，哪些工程已经进行支付，已同意或确定的费率和价格变更等。

（4）试验记录 除正常的试验报告外，实验室应由专人每天以日志形式记录实验室工作情况，包括对承包商的试验监督、数据分析等。试验记录的具体内容包括以下几项：

1）工作内容的简单叙述，如监督承包商做了哪些试验，结果如何。

2）承包商试验人员配备情况，如试验人员配备与承包商计划所列是否一致，数量和素质是否满足工作需要，增减或更换试验人员的建议。

3）对承包商试验仪器、设备配备、使用和调动情况的记录，需增加新设备的建议。

4）监理单位实验室与承包商实验室所做同一试验，其结果有无重大差异，原因如何。

（5）工程照片和录像 以下情况，可辅以工程照片和录像进行记录：

1）科学试验、重大试验，如桩的承载试验，梁、板的试验以及科学研究试验等；新工艺、新材料的原形及为新工艺、新材料的采用所做的试验等。

2）能体现高水平的建筑物的总体或分部，能体现出建筑物的宏伟、精致、美观等特色的部位；工程质量较差的项目，指令承包商返工或需补强的工程的前后对比；体现不同施工阶段的建筑物照片；不合格原材料的现场和清除出现场的照片。

3）能证明或反映未来会引起索赔或工程延期的特征照片或录像；向上级反映即将引起影响工程开展的照片。

4）工程试验、实验室操作及设备情况。

5）隐蔽工程，如被覆盖前的基础工程；重要项目钢筋绑扎、管道敷设的典型照片；

混凝土桩的桩头处理及桩顶混凝土的表面特征情况。

6）工程事故，如工程事故处理现场及处理事故的状况；工程事故及处理和补强工艺，能证实保证工程质量的照片。

7）监理工作，如重要工序的旁站监督和验收；现场监理工作实况；参与的工地会议及参与承包商的业务讨论会；班前、工后会议；被承包商采纳的建议，证明确有经济效益及提高了施工质量的实物。

拍照时要采用专门登记本标明序号、拍摄时间、拍摄内容、拍摄人员等。

二、监理信息的加工整理

监理信息的加工整理是对收集来的大量原始信息，进行筛选、分类、排序、压缩、分析、比较、计算等的过程。信息加工整理要本着标准化、系统化、准确性、时间性和适用性等原则进行。监理工程师对信息进行加工整理，形成各种资料，如各种来往信函、来往文件、各种指令、会议纪要、备忘录、协议、各种工作报告等，其中工作报告是最主要的加工整理成果。这些报告包括以下内容：

1. 监理日报

监理日报是现场监理人员根据每天的现场记录加工整理而成的报告，主要包括如下内容：当天的施工内容；当天参加施工的人员（工种、数量、施工单位等）；当天施工使用的机械名称和数量等；当天发现的施工质量问题；当天的施工进度和计划进度的比较，若发生进度拖延，应说明原因；当天天气综合评语；其他说明及应注意的事项等。

2. 监理周报

监理周报是现场监理工程师根据监理日报加工整理而成的报告，每周向项目总监理工程师汇报一周内所有发生的重大事件。

3. 监理月报

监理月报是集中反映工程实况和监理工作的重要文件，一般由项目总监理工程师组织编写，每月一次上报建设单位。大型项目的监理月报，往往由各合同段或子项目的总监理工程师代表组织编写，上报总监理工程师审阅后报建设单位。监理月报一般包括以下内容：

（1）工程进度　它主要描述工程进度情况，工程形象进度和累计完成的比率。若拖延了计划，应分析其原因以及这种原因是否已经消除，承包商、监理人员就此问题所采取的补救措施等。

（2）工程质量　它是指用具体的测试数据评价工程质量，如实反映工程质量的好坏，并分析原因；承包商和监理人员对质量较差项目的改进意见；如有责令承包商返工的项目，应说明其规模、原因以及返工后的质量情况。

（3）计量支付　计量支付必须表示出本期支付、累计支付以及必要的分项工程的支付情况，形象地表达支付比例以及实际支付与工程进度的对照情况等；承包商是否因流动资金短缺而影响了工程进度，并分析造成资金短缺的原因（如是否未及时办理支付等）；有无延迟支票、价格调整等问题，说明其原因及由此而产生的增加费用。

（4）安全生产管理　安全生产管理是指针对人们在安全生产过程中的安全问题，运用有效的资源，发挥人们的智慧，通过人们的努力，进行有关决策、计划、组织和控制等活动，实现生产过程中人与机器设备、物料环境的和谐共处，达到安全生产的目标。

（5）质量事故　它主要包括：质量事故发生的时间、地点、项目名称、原因、损失估计（经济损失、时间损失、人员伤亡情况）等；事故发生后采取了哪些补救措施；在以后工作中如何避免类似事故发生的有效措施；事故的发生影响了哪些单项或整体工程进度情况。

（6）工程变更　它主要包括：对每次工程变更应说明引起设计变更的原因、批准机关，变更项目的规模、工程量增减数量、投资增减的估计等；是否因此变更影响了工程开展，承包商是否就此已提出或准备提出延期和索赔。

（7）合同纠纷　它主要包括：合同纠纷情况及产生的原因；监理人员进行调解的措施；监理人员在解决纠纷中的体会；建设单位或承包商有无要求进一步处理的意向。

（8）监理工作动态　它主要包括：描述本月的主要监理活动，如工地会议、现场重大监理活动、延期和索赔的处理；上级下达的有关工作的开展情况；监理工作中的困难等。

第三节　建设工程监理文档资料的管理

监理工作中的文档资料管理包括两大方面：一方面是对施工单位的资料管理工作进行监督，要求施工人员及时记录、收集并存档需要保存的资料与档案；另一方面是监理机构本身应该进行的资料与档案管理工作。

一、建设工程文档资料管理

记载与建设工程有关的重要活动、记载建设工程的主要过程和现状、具有保存价值的各种载体的文件，均应收集齐全，整理立卷后归档。

工程监理文件资料的归档内容、组卷方式，以及工程监理档案的验收、移交和管理工作，应根据《建设工程文件归档规范》（GB/T 50328—2014）（2019年版）以及工程所在地有关部门的规定执行。

1.归档文件的质量要求

1）归档的工程文件应为原件，工程文件的内容必须齐全、系统、完整、准确，与工程实际相符。

2）工程文件的内容及其深度应符合国家有关工程勘察、设计、施工、监理等标准的规定。

3）计算机输出文字、图件以及手工书写材料，其字迹的耐久性和耐用性应符合《信息与文献　纸张上书写、打印和复印字迹的耐久性和耐用性　要求与测试方法》（GB/T 32004—2015）的规定。

4）工程文件应字迹清楚，图纸清晰，图表整洁，签字盖章手续应完备。

5）工程文件中文字材料的幅面尺寸规格宜为 A4 幅面（297mm×210mm），图纸宜采用国家标准图幅。

6）工程文件的纸张，其耐久性和耐用性应符合《信息与文献　档案纸　耐久性和耐用性要求》（GB/T 24422—2009）的规定。

7）所有竣工图均应加盖竣工图章，并应符合下列规定：

①竣工图章的基本内容应包括："竣工图"字样、施工单位、编制人、审核人、技术负责人、编制日期、监理单位、监理工程师、总监理工程师。

②竣工图章尺寸应为 50mm（宽）×80mm（长）。

③竣工图章应使用不易褪色的印泥，应盖在图标栏上方空白处。

8）竣工图的绘制与改绘应符合有关制图标准的规定。

9）归档的建设工程电子文件应采用或转换为表 10-1 所列文件格式。

表 10-1　工程电子文件归档格式

文件类别	格式
文本（表格）文件	OFD、DOC、DOCX、XLS、XLSX、PDF/A、XML、TXT、RTF
图像文件	JPEG、TIFF
图形文件	DWG、PDF/A、SVG
视频文件	AVS、AVI、MPEG2、MPEG4
音频文件	AVS、WAV、AIF、MID、MP3
数据库文件	SQL、DDL、DBF、MDB、ORA
虚拟现实/3D 图像文件	WRL、3DS、VRML、X3D、IFC、RVT、DGN
地理信息数据文件	DXF、SHP、SDB

10）归档的建设工程电子文件应包含元数据，保证文件的完整性和有效性。元数据应符合《建设电子档案元数据标准》（CJJ/T 187—2012）的规定。

11）归档的建设工程电子文件应采用电子签名等手段，所载内容应真实和可靠。

12）归档的建设工程电子文件的内容必须与其纸质档案一致。

13）建设工程电子文件离线归档的存储媒体，可采用移动硬盘、闪存盘、光盘、磁带等。

14）存储移交电子档案的载体应经过检测，应无病毒、无数据读写故障，并应确保接收方能通过适当设备读取数据。

2. 工程文件的立卷

（1）立卷原则

1）立卷应遵循工程文件的自然形成规律和工程专业的特点，保持卷内文件的有机联系，便于档案的保管和利用。

2）工程文件应按不同的形成单位、整理单位及建设程序，按工程准备阶段文件、监理文件、施工文件、竣工图、竣工验收文件分别进行立卷，并可根据数量多少组成一卷或多卷。

3）一项建设工程由多个单位工程组成时，工程文件应按单位工程立卷。

4）不同载体的文件应分别立卷。

（2）立卷方法

1）工程准备阶段文件应按建设程序、形成单位等进行立卷。

2）监理文件应按单位工程、分部工程或专业、阶段等进行立卷。

3）施工文件应按单位工程、分部（分项）工程进行立卷。

4）竣工图应按单位工程分专业进行立卷。

5）竣工验收文件应按单位工程分专业进行立卷。

6）电子文件立卷时，每个工程（项目）应建立多级文件夹，应与纸质文件在案卷设置上一致，并应建立相应的标识关系。

7）声像资料应按建设工程各阶段立卷，重大事件及重要活动的声像资料应按专题立卷，声像档案与纸质档案应建立相应的标识关系。

（3）立卷要求

1）专业承（分）包施工的分部、子分部（分项）工程应分别单独立卷。

2）室外工程应按室外建筑环境和室外安装工程单独立卷。

3）当施工文件中部分内容不能按一个单位工程分类立卷时，可按建设工程立卷。

（4）卷内文件的排列

1）文字材料按事项、专业顺序排列。同一事项的请示与批复、同一文件的印本与定稿、主件与附件不能分开，并按批复在前、请示在后，印本在前、定稿在后，主件在前、附件在后的顺序排列。

2）图纸按专业排列，同专业图纸按图号顺序排列。

3）既有文字材料又有图纸的案卷，文字材料排前，图纸排后。

（5）案卷的编目

1）编制卷内文件页号时应符合下列规定：

①卷内文件均按有书写内容的页面编号，每卷单独编号，页号从"1"开始。

②页号编写位置：单面书写的文件在右下角；双面书写的文件，正面在右下角，背面在左下角；折叠后的图纸一律在右下角。

③成套图纸或印刷成册的科技文件材料，自成一卷的，原目录可代替卷内目录，不必重新编写页码。

④案卷封面、卷内目录、卷内备考表不编写页号。

2）卷内目录的编制应符合下列规定：

①卷内目录排列在卷内文件首页之前，卷内目录的样式见表10-2。

②序号应以一份文件为单位，用阿拉伯数字从"1"依次标注。

③责任者应填写文件的直接形成单位或个人。有多个责任者时,选择两个主要责任者,其余用"等"代替。

④文件编号应填写文件形成单位的发文号或图纸的图号,或设备、项目代号。

⑤文件题名应填写文件标题的全称。当文件无标题时,应根据内容拟写标题,拟写标题外应加"[ ]"符号。

⑥日期应填写文件的形成日期或文件的起止日期,竣工图应填写编制日期。

⑦页次应填写文件在卷内所排的起始页号,最后一份文件填写起止页号。

表 10-2 卷内目录样式

序号	文件编号	责任者	文件题名	日期	页次	备注

(6)工程档案的验收与移交 列入城建档案管理机构接收范围的工程,建设单位在组织工程竣工验收前,应提请城建档案管理机构对工程档案进行预验收。建设单位未取得城建档案管理机构出具的认可文件的,不得组织工程竣工验收。城建档案管理机构在进行工程档案预验收时,重点验收以下内容:

1)工程档案的齐全、系统、完整程度。

2)工程档案的内容是否真实、准确地反映建设工程活动和工程实际状况。

3)工程档案的整理、立卷是否符合《建设工程文件归档规范》(GB/T 50328—2014)(2019年版)的规定。

4)竣工图绘制方法、图式及规格等是否符合专业技术要求,图面是否整洁,是否盖有竣工图章。

5)文件的形成、来源是否符合实际;要求单位或个人签章的文件,签章手续是否完备。

6)文件的材质、幅面、书写、绘图、用墨、托裱等是否符合要求。

7)电子档案的格式、载体等是否符合要求。

8)声像档案的内容、质量、格式是否符合要求。

二、施工阶段监理文件管理

1. 监理资料的内容

除了上述验收时需要向建设单位或城建档案管理机构移交的监理资料外,施工阶段监理所涉及的并应该进行管理的资料应包括下列内容:施工合同文件及委托监理合同;勘察设计文件;监理规划;监理实施细则;分包单位资格报审表;设计交底与图纸会审会议纪要;施工组织设计(方案)报审表;工程开工/复工报审表及工程暂停令;测量核验资料；工程进度计划；工程材料、构（配）件、设备的质量证明文件；检查试验资料；工程变更资料；隐蔽工程验收资料；工程计量单和工程款支付证书；监理工程师通知单；监理工作联系单；报验申请表；来往函件；监理日记；监理月报；质量缺陷与事故的处理文件；分部工程、单位工程等验收资料；索赔文件资料；竣工结算审核意见书；工程项目施工阶段质量评估报告；监理工作总结等。

2. 监理资料的整理

（1）第一卷，合同卷

1）合同文件，包括监理合同、施工承包合同、分包合同、施工招（投）标文件、各类订货合同。

2）与合同有关的其他事项，如工程延期报告、费用索赔报告与审批资料、合同争议、合同变更、违约报告处理等。

3）资质文件，如承包单位资质、分包单位资质、监理单位资质、建设单位项目建设审批文件、各单位参建人员资质、供货单位资质、见证取样试验单位资质等。

4）建设单位对项目监理机构的授权书。

5）其他来往信函。

（2）第二卷，技术文件卷

1）设计文件，如施工图、地质勘察报告、测量基础资料、设计审查文件。

2）设计变更，如设计交底记录、变更图、审图汇总资料、洽谈纪要。

3）施工组织设计，如施工方案、进度计划、施工组织设计报审表。

（3）第三卷，项目监理文件 项目监理文件主要包括监理规划、监理大纲、监理实施细则、监理月报、监理日志、会议纪要、监理总结和各类通知。

（4）第四卷，工程项目实施过程文件 工程项目实施过程文件主要包括进度控制文件、质量控制文件和投资控制文件。

（5）第五卷，竣工验收文件 竣工验收文件主要包括分部工程验收文件、竣工预验收文件、质量评估报告、现场证物照片和监理业务手册。

本章小结

监理信息是指在建设工程监理过程中发生的、反映建设工程状态和规律的信息。监理信息具有一般信息的特征，同时也有来源广、信息量大、动态性强、形式多样的特点。监理信息一般有文字数据，数字数据，报表，图形，图像和声音等。收集信息是运用信息的前提，是进行信息处理的基础。收集监理信息应本着主动及时、全面系统、真实可靠、重点选择的原则。主要是通过各种方式的记录来收集监理信息，这些记录统称为监理记录。信息加工整理要本着标准化、系统化、准确性、时间性和适用性等原则进行。工作报告是最主要的加工整理成果，包括监理日报、监理周报、监理月报等。

建设工程监理信息是监理工程师进行目标控制的基础、科学决策的依据。监理文档资料管理是监理工作成效的体现。

 综合实训

第十章综合实训

素养小提升

由中国国际工程咨询有限公司编撰的大型丛书"国家重大工程档案"于2021年7月17日在北京召开的"国家重大工程决策评估与创新发展高端论坛"上正式发布。该丛书分为交通卷、能源卷、工业卷、农林水和生态卷、社会事业和科学基础设施卷，共5卷7册，对改革开放以来我国的国民经济和社会发展主要领域的重大工程进行了全面梳理，共收录了204个重大工程项目档案资料，对港珠澳大桥岛隧工程、北京大兴国际机场、京沪高铁等多项重大工程的基本情况、规划决策、工程设计、工程建设、运营管理、技术创新和工程价值进行了系统性阐述。

该丛书再现了工程建设者在艰难复杂情况下的工程档案资料和信息管理工作是如何有序开展的，充分反映了工程建设中信息的收集、加工、整理、归档的重要性，也启示我们要始终牢固树立信息管理意识。

附 录

附录 Ⅰ 工程监理表格应用示例

工程监理表格应用示例

附录 Ⅱ 建设工程监理合同示例

建设工程监理合同示例

附录 Ⅲ 建设工程施工合同示例

建设工程施工合同示例

参考文献

[1] 中华人民共和国住房和城乡建设部. 建设工程监理规范：GB/T 50319—2013 [S]. 北京：中国建筑工业出版社，2014.

[2] 中国建设监理协会. 建设工程监理规范 GB/T 50319—2013 应用指南 [M]. 北京：中国建筑工业出版社，2013.

[3] 中国建设监理协会. 建设工程监理概论 [M]. 北京：中国建筑工业出版社，2021.

[4] 中国建设监理协会. 建设工程监理相关法规文件汇编 [M]. 北京：中国建筑工业出版社，2020.

[5] 中国建设监理协会. 建设工程合同管理 [M]. 北京：中国建筑工业出版社，2021.

[6] 中国建设监理协会. 建设工程投资控制：土木建筑工程 [M]. 北京：中国建筑工业出版社，2020.

[7] 中国建设监理协会. 建设工程进度控制：土木建筑工程 [M]. 北京：中国建筑工业出版社，2020.

[8] 中国建设监理协会. 建设工程质量控制：土木建筑工程 [M]. 北京：中国建筑工业出版社，2020.

[9] 中国建设监理协会. 全国监理工程师职业资格考试指南 [M]. 北京：中国建筑工业出版社，2021.

[10] 北京市建设监理协会. 建设工程监理规程应用指南 [M]. 北京：中国建材工业出版社，2018.

[11] 全国监理工程师资格考试研究中心. 建设工程监理案例分析 [M]. 3版. 北京：中国建筑工业出版社，2020.

[12] 巩天真，张泽平. 建设工程监理概论 [M]. 4版. 北京：北京大学出版社，2018.

[13] 徐锡权，毛风华，申淑荣. 建设工程监理概论 [M]. 3版. 北京：北京大学出版社，2018.

[14] 冯辉红. 建设工程监理概论 [M]. 北京：化学工业出版社，2018.